INSTRUCTION

SPÉCIALE

SUR

LA CONSCRIPTION

*En ce qui intéresse les Conscrits
et leurs Parens,*

DONNÉE

PAR LE PRÉFET

DU DÉPARTEMENT DE SEINE ET MARNE,

AUX MAIRES DE SON DÉPARTEMENT.

———

A PARIS,

De l'Imprimerie des Messageries imp^{les}., rue de Cléry,
n°. 9, près celle Montmartre.

A N 1809.

AVIS.

Dans une matière où toutes les dispositions prescrites doivent être littéralement exécutées ; dans une matière où celui qui dépasse le but n'a pas moins de tort que celui qui ne sait pas l'atteindre , nous avons cru ne devoir rien dire qui ne fût textuellement ordonné par les Lois ou par le Gouvernement. Nous prévenons , en conséquence, que les Instructions et Décisions que nous avons souvent citées sous les dates des 31 décembre 1806 , 28 avril 1807 , 11 février et 12 septembre 1808 , 30 janvier, 23 avril et 28 juin 1809, sont émanées de S. Exc. le Ministre d'Etat Directeur général de la conscription.

INSTRUCTION

SPÉCIALE

SUR

LA CONSCRIPTION

En ce qui intéresse les Conscrits et leurs Parens.

———

LA conscription a été établie en France par la loi du 19 fructidor an 6. Cette loi pose, en principe, que tout Français est soldat et se doit à la défense de la patrie.

Le mode qu'il a fallu prescrire pour l'exécution de cette grande mesure a varié plusieurs fois avant d'arriver au point de perfection que lui ont donnée les soins constans d'un Ministre qui, spécialement chargé de la diriger, n'a voulu prendre pour guide que les principes de la plus impartiale justice.

Un nombre assez considérable de lois, de décrets, d'instructions, se sont succédés

1

sur cette matière, et plusieurs fois des Maires nous ont entretenu des difficultés qu'ils rencontraient pour éclairer les conscrits et leurs parens sur leurs droits ou sur leurs devoirs.

L'incertitude de ces administrateurs, dont les craintes annonçaient le zèle, devait d'autant plus éveiller notre sollicitude, que les instructions ministérielles explicatives des lois et des décrets ne se trouvent pas au Bulletin des Lois, et que, malgré nos soins constans pour les faire connaître à mesure qu'elles ont paru, il était impossible de ne pas perdre de vue la plupart de leurs dispositions ou difficile au moins de les retrouver dans le nombre d'instructions partielles que nous avons successivement publiées.

Réunir dans un cadre resserré et classer avec ordre tout ce qu'il importe aux conscrits et à leurs parens de connaître, ce qu'il leur importe de faire, ce qu'il leur importe d'éviter ; mettre ainsi chaque Maire à même de leur servir de guide dans une matière où il est si intéressant pour eux de ne prendre conseil que de leurs administrateurs ; tel a été notre but en entreprenant de rédiger cette Instruction.

TITRE PREMIER.

COMPÉTENCE EN MATIÈRE DE CONSCRIPTION.

1. La conscription fait partie des attributions de S. Exc. le Ministre de la guerre. Le Ministre d'État Directeur général de la conscription en dirige toutes les mesures, en prescrit le mode, en surveille l'exécution et prononce sur toutes les questions ou difficultés qui peuvent s'élever.

2. Dans les départemens, l'autorité sur cette matière se partage entre le Conseil de recrutement et le Préfet.

Le Conseil de recrutement est composé de trois membres ; savoir : 1°. le Préfet, qui en est le président ; 2°. le Général commandant la subdivision du département, ou tel autre officier général nommé à cet effet par le général commandant la Division ; 3°. un major désigné par le Ministre de la guerre, et, à son défaut, l'officier de gendarmerie le plus haut en grade dans le département. (*Décret impérial du 8 fructidor an 13 , art. 25.*)

3. C'est le Conseil de recrutement qui prononce sur les demandes et réclamations tendantes à obtenir des exemptions de service, des réformes , des mises à la fin du dépôt, des substitutions ou changemens de numéros et des remplacemens ; c'est lui qui signe, au nom du Ministre de la guerre , les dispenses ou congés de réforme qu'il a accordés ; c'est ce Conseil qui applique les peines encourues par les conscrits qui se sont mutilés, ou qui ont feint des infirmités ; c'est lui qui juge des motifs d'après lesquels un conscrit doit être, soit ajourné à l'année suivante , soit déclaré premier à marcher , soit envoyé aux hôpitaux, soit autorisé à suspendre son départ ; en deux mots, tout le contentieux de la conscription lui appartient.

4. Les mesures d'exécution, préparatoires ou autres ; la fixation des indemnités ; les poursuites et tous les actes qui sont la conséquence des décisions prises par le Conseil de recrutement , sont de la compétence du Préfet seul.

5. Néanmoins, lorsqu'un conscrit se trouve affligé d'une difformité évidente, ou qu'il n'a que la taille d'un mètre 5oo millimètres, les Sous-Préfets sont compétens pour prononcer la réforme, lors de la séance du tirage. Voyez ci-après le n°. 81.

Les Sous-Préfets peuvent aussi recevoir des actes de remplacemens et les déclarations des conscrits de la réserve qui veulent passer dans l'armée active. Voyez ci-après les n°s. 167 et 199.

6. Toute personne, qui a des réclamations à faire contre les opérations des Sous-Préfets, peut se pourvoir devant le Conseil de recrutement, juge supérieur de la matière dans le département. Le Conseil prononce sur ces demandes. (*Décret impérial du 8 fructidor an* 13, *art.* 27.)

7. Lorsqu'un conscrit désigné est absent et ne revient pas pour être visité dans son département, c'est le Conseil de recrutement du département où il se trouve qui doit juger s'il est capable ou non de supporter les fatigues de la guerre. (*Ibidem, art. 45 et 46.*)

8. Quant aux demandes de ce conscrit

absent, soit pour être exempté de service, soit pour être mis à la fin du dépôt, soit pour se faire substituer ou remplacer, c'est au Conseil de recrutement de son domicile de conscription, et non de sa résidence actuelle, qu'il appartient d'en connaître.

9. Il est défendu, tant aux Officiers conducteurs, qu'aux Colonels ou Conseils d'administration, d'autoriser ou de laisser opérer aucun remplacement de conscrits, de les réformer ou congédier, sous quelque prétexte que ce soit, avant ou après leur admission aux drapeaux, sans en avoir reçu l'autorisation par écrit du Ministre de la guerre. Les conscrits qui, sans cette autorisation du Ministre, ne rejoindraient pas, ou abandonneraient leur corps, s'exposeraient à être poursuivis. (*Décret impérial du 8 fructidor an 13, art. 50 et 59.*)

Il résulte de là que le droit de prononcer sur les remplacemens et les réformes, droit qui, jusqu'au moment du départ, appartient exclusivement aux Conseils de recrutement, ne peut plus ensuite appartenir qu'au Ministre de la guerre.

10. Il est aussi spécialement defendu aux Officiers et Sous - Officiers de recrutement, sous quelque prétexte que ce soit, d'accorder aux conscrits une suspension de départ, ne fût - ce que d'un jour. Ce droit n'appartient qu'aux Conseils de recrutement. Tout conscrit, porteur d'une permission accordée en contravention de cette disposition, serait arrêté par la gendarmerie. (*Instruction du 11 février 1808, art. 97.*)

TITRE II.

FORMATION DES LISTES.

11. Il y a deux espèces de listes; la liste communale et la liste générale du canton. Toutes deux doivent être tenues dans l'ordre alphabétique des noms des conscrits.

La liste communale est celle que chaque Maire doit former de tous les jeunes gens de la classe qui ont leur domicile de droit dans la commune, qu'ils soient présens ou absens, mariés, veufs ou garçons, ou enfin susceptibles ou non de l'une des diverses exemptions ou exceptions dont nous parlerons ci-après. Les Maires doivent même porter sur ces listes les conscrits qui seraient momentanément détenus pour quelque cause que ce fût. (*Décret impérial du 8 fructidor an 13*, *art.* 6.) En un mot, le Maire doit inscrire, sans aucune exception, tous les jeunes gens de l'âge de la classe, fussent-ils déjà enrôlés et sous les drapeaux.

La liste générale du canton est celle que le Sous-Préfet forme d'après les listes fournies par les Maires. (*Ibidem.*)

12. Nous ne parlerons pas d'un tableau général qui se fait ensuite à la Préfecture pour tout le département, parce que les conscrits ne coopèrent point à sa formation, et qu'il n'y a que ce qui les intéresse qui entre dans le cadre de la présente instruction.

13. Tout homme de l'âge de la classe appelée doit concourir à la formation des listes dans le lieu de son domicile de droit. (*Loi du 6 floréal an 11*, *article 6.*)

14. Le domicile de droit d'un conscrit est celui de son père; c'est celui de sa mère, si son père est mort, et celui de son tuteur, si ses père et mère sont décédés. (*Tableau*

annexé, sous le n°. 1, au décret du 8 fructidor an 13.)

15. Quelques personnes avaient pensé qu'il fallait excepter les élèves de l'école militaire de la règle qui précède. C'était une erreur : elle a été proscrite par une décision prise par le Ministre de la guerre le 8 janvier 1808. (*Instruction du 11 février 1808, art. 8.*) Il n'y a nulle exception au principe qu'un conscrit doit concourir dans le lieu de son domicile de droit.

16. Un conscrit qui vient à changer de domicile, continue de faire partie des conscrits du canton dans lequel il a d'abord concouru. Ce principe s'applique même aux conscrits qui forment le dépôt. (*Décret impérial du 8 fructidor an 13, art. 89.*)

Dans ce cas, il est tenu de faire connaître, tous les six mois, au Maire de la commune où il a concouru, le lieu de sa nouvelle résidence. (*Loi du 19 fructidor an 6, art. 52.*)

17. Quant au conscrit marié, il doit être inscrit sur la liste de la commune qu'il habite personnellement, s'il y a acquis domicile par une année de résidence. (*Tableau annexé,*

*sous le n°. 1, au décret du 8 fructidor
an 13.*)

Néanmoins, s'il n'avait acquis ce domicile
que postérieurement au premier appel de sa
classe, il continuerait à faire partie des conscrits du canton dans lequel il aurait d'abord
concouru, conformément à ce que nous
venons de dire n°. 16.

18. Il n'en est pas des conscrits émancipés
comme des conscrits mariés. Les conscrits
émancipés, quoiqu'ayant un domicile per-
sonnel, concourent au domicile de leur père,
ou mère ou tuteur, comme il a été dit n°. 14.
(*Décision de S. Exc. le Grand-Juge, du 14
mai 1807, et de S. Exc. le Ministre Directeur général de la conscription, du 1er. juin
suivant.*)

19. Lorsqu'un conscrit croit ne devoir pas
faire partie d'une liste sur laquelle il est porté,
soit qu'il prétende ne pas appartenir à la Commune, ou ne pas appartenir à la classe, sa
réclamation doit être inscrite sur le registre
ouvert à cet effet dans chaque municipalité.
(*Décret impérial du 8 fructid. an 13, art. 7.*)
Mais dans ce cas, comme dans tout autre où

il pourrait s'élever une question de domicile, le Maire doit avoir soin de porter le nom du conscrit sur la liste de la Commune, sauf à en référer au Préfet qui, si le conscrit doit être rayé, pourvoit à ce qu'il soit porté sur la liste à laquelle il appartient, soit dans le département même, soit dans tout autre. Les Sous-Préfets doivent, de leur côté, maintenir l'inscription, si la difficulté s'élève ou se renouvelle devant eux, et en référer aussi au Préfet. Toute autre marche aurait l'inconvénient, quelquefois de soustraire un homme à la conscription, quelquefois de laisser concourir un conscrit dans plusieurs cantons.

20. Lors de l'appel d'une classe, les conscrits qui la composent peuvent être ou présens, ou absens, ou détenus.

§. Ier. *Conscrits présens dans le canton.*

21. Il est du devoir des conscrits de se présenter toutes les fois qu'il est nécessaire, soit pour la formation, soit pour la vérification ou rectification des listes. (*Loi du 19 fructidor an 6, art. 32.*)

22. Les conscrits qui ne se présentent pas chez le Maire pour se faire inscrire sur la liste communale et ceux qui ne se rendent pas à la séance que le Sous-Préfet convoque pour la vérification et rectification de la liste du canton, pour le tirage et pour l'examen des conscrits, sont déclarés *Bons pour le service*, et inscrits comme premiers à marcher. (*Ibidem, et décret impérial du 8 fructidor an 13, art. 19.*)

23. Lorsqu'un conscrit se trouve atteint d'une infirmité quelconque, et qu'il ne l'a pas déclarée devant le Maire en s'inscrivant, il doit le faire devant le Sous-Préfet, lors de l'appel de son nom, dans la séance du tirage; (*Décret impérial du 8 fructid. an 13, art. 17.*) Et s'il demande sa réforme, il doit ensuite se présenter au Conseil de recrutement pour faire juger sa réclamation. (*Ibidem, art. 37.*) S'il néglige l'un ou l'autre de ces devoirs, il s'expose à des peines qui seront indiquées sous le titre *Réclamations*, nos. 37 *et* 38.

24. Les conscrits s'exposent encore à diverses peines, suivant les circonstances, lorsque, par leur faute, leur nom se trouve omis

sur les listes. Voy. ci-après, au titre *Fraudes*, les n°. 181 et 182.

25. L'omission de leur nom, même lorsqu'elle est involontaire de leur part, leur cause des embarras qu'il importe d'éviter.

En effet, tout conscrit dont le nom se trouve omis sur la liste, doit, s'il ne veut être puni comme omis par sa faute, prouver, ou qu'il s'est trouvé dans l'impossiblité, soit de se faire inscrire, soit de connaître ses obligations, ou qu'après avoir fait les démarches nécessaires pour se faire inscrire, son nom s'est trouvé omis par suite de quelque erreur, indépendante de sa volonté. (*Instruction du 11 février 1808, art. 10.*)

Les pièces qu'il est tenu de produire dans ce cas doivent être visées et certifiées non-seulement par le Maire de sa Commune, mais encore par le Sous-Préfet de son arrondissement. (*Ibidem.*)

Les conscrits ne doivent pas perdre de vue qu'une semblable preuve est fort difficile; qu'elle doit porter, non sur de simples allégations, mais sur des faits positifs, clairement et légalement constatés, et qu'enfin, après

leur preuve faite, ils sont tenus de concourir pour la conscription de l'année, s'il en
est encore tems, ou au moins pour celle de
l'année suivante. (*Ibidem.*)

En résultat, il est de l'intérêt des conscrits
que leurs noms ne soient omis ni sur la liste
communale, ni sur la liste générale du canton.

§. II. *Conscrits absens.*

26. L'absence ne dispense pas de concourir
à la formation des listes. Les père, mère ou
tuteur de l'absent doivent le faire inscrire; et,
dans la séance du tirage, ce dernier doit être
représenté par le Maire de sa Commune, à
moins qu'il n'y ait dans l'assemblée quelque
individu délégué par lui pour tirer à sa place.
(*Décret impérial du 8 fructidor an 13,
art. 11.*)

27. En se présentant pour un conscrit
absent, ses parens ou amis peuvent et doivent
former pour lui toutes les réclamations que
la loi lui permet, et produire à leur appui
toutes les pièces nécessaires. (*Instruction
du 23 avril 1809, art. 12.*)

28.

28. Les conscrits absens avant la publication de l'appel de leur classe, et qui ne sont
pas revenus pour l'époque de la désignation,
sont conservés sur la liste, comme capables
de soutenir les fatigues de la guerre; et s'ils
sont désignés et qu'ils ne se présentent pas dans
le mois de l'appel qui leur est, dans ce cas,
notifié, ou qu'ils n'aient point fait admettre
un suppléant, ils doivent être dénoncés comme
conscrits réfractaires. (*Décret impérial du
8 fructidor an 13, art. 20 et 46.*)

§. III. *Conscrits détenus.*

29. Les conscrits détenus, mais non jugés,
sont aussi conservés sur les listes comme pro-
pres au service; le Conseil de recrutement
prononce sur leur sort après leur mise en
liberté. (*Décret impérial du 8 fructidor
an 13, art.* 47.)

30. Si le détenu est condamné à une peine
infamante, il est rayé de la liste, et un autre
numéro est appelé à marcher. S'il est condamné à un emprisonnement de plus de 6
mois, il doit être aussi remplacé; mais le

détenu est mis en route aussitôt qu'il a fini sa peine , et , à son arrivée au corps, celui qui a marché pour lui est congédié. (*Ibidem.*)

Personne n'est appelé au lieu et place du détenu qui n'est condamné qu'à six mois ou moins de six mois d'emprisonnement.

§. IV. *Fixation des rangs.*

31. Jusqu'ici les conscrits d'un même canton ne sont encore rangés que par ordre alphabétique. Il reste à leur assigner le rang d'après lequel ils seront appelés à servir. C'est le sort qui le fixe. A cet effet , et en leur présence , on jette dans une urne autant de bulletins égaux qu'il y a de noms dans la liste générale du canton dont nous avons parlé sous le n°. 11. Ces bulletins portent chacun un numéro différent, en commençant par le n°. 1er., et suivant l'ordre des nombres. Chaque conscrit est ensuite appelé dans l'ordre de son inscription sur la liste pour tirer un billet soit par lui-même , soit par la personne qui le représente, comme nous l'avons dit n°. 26 ; et le Sous-Préfet inscrit, à mesure, le nom de chacun,

vis-à-vis du n°. qu'il vient d'obtenir, sur une feuille préparée à cet effet et qui contient autant de cases qu'il y a de conscrits. Cette feuille achevée est lue publiquement et signée, séance tenante, par le Sous-Préfet et par les autres fonctionnaires présens. (*Décret impérial du 8 fructidor an 13, art. 10, 11 et 12.*)

TITRE III.

RÉCLAMATIONS.

32. C'est sous les titres suivans qu'il sera successivement traité des diverses espèces de réclamations que des conscrits sont en droit de former. Nous avons cru néanmoins devoir, sous un titre spécial, fixer l'attention des conscrits sur les époques auxquelles il leur importe de les former et de produire leurs pièces à l'appui. C'est uniquement sous ce rapport que nous allons nous en occuper ici.

33. En thèse générale, tout conscrit qui croit avoir des droits à être exempté, ou réformé, ou mis à la fin du dépôt, ferait bien de former sa réclamation devant le Maire de sa commune au moment même de son inscription.

34. Il lui importe sur-tout de ne pas laisser échapper ce moment , s'il a un frère aux armées ou mort en activité de service, et qu'il réclame pour ce motif sa mise à la fin du dépôt. Il simplifie alors la preuve qu'il doit faire pour jouir de la faveur qu'il sollicite. (*Instruction du* 11 *février* 1808 , *art.* 72.) Voyez ci-après les nos. 99 et 100.

35. Néanmoins, toute demande peut encore être admise dans la séance qui a lieu devant le Sous-Préfet pour la vérification ou rectification des listes et pour le tirage ; mais ceux qui laissent passer cette époque sans former leurs réclamations, s'exposent à des peines ou au moins à la privation de quelques avantages.

36. Un conscrit engagé dans les ordres sacrés qui , dans la séance du tirage , n'a pas réclamé l'exemption dont il sera parlé sous le n°. 55, ne peut plus la réclamer ensuite et doit être déclaré *Bon pour le service.* (*Décret impérial du* 8 *fructidor an* 13 , *art.* 15.)

37. Si un conscrit qui a caché sciemment ses infirmités dans la séance du tirage devant le Sous-Préfet , est ensuite réformé comme incapable de servir ; il doit être condamné par

le Conseil de recrutement à se faire remplacer à ses frais. (*Ibidem, art.* 3o.) Il est, de plus, soumis à une indemnité dont il sera parlé ci-après, sous le n°. 148.

38. Il ne suffit point toutefois qu'un conscrit ait formé sa réclamation devant le Sous Préfet, il faut ensuite, sous peine aussi d'être déclaré *Bon pour le service*, qu'il se présente devant le Conseil de recrutement, au jour indiqué par le Préfet, pour y faire juger sa réclamation, ou qu'il produise la preuve de l'impossibilité où il a été de s'y rendre. (*Ibid. art.* 37.)

Et si un conscrit, qui, sans cause légitime, a négligé de se présenter, est ensuite reconnu incapable de servir, il est condamné à une indemnité double, dont il sera fait mention sous le n°. 149.

39. Si, néanmoins, la cause sur laquelle un conscrit fonderait sa réclamation était *postérieure* à la séance du tirage, comme, par exemple, s'il prouvait par des pièces authentiques qu'il lui est, *depuis lors*, survenu une infirmité, ou si son frère, faisant partie de la même levée, se trouvait *récemment* appelé

par suite de quelque réforme ou de quelque autre cause, la réclamation serait admissible. (*Instruct. du 11 février 1808, art.* 69 et 70.)

40. Un délai est aussi fixé pour la production des pièces que les conscrits sont tenus de fournir à l'appui de leurs réclamations, et il expire la veille du jour fixé pour le dernier départ ; ce délai passé, nulle production de pièces ne peut être accueillie. (*Ibidem, art.* 69 *et* 73.)

41. Quant à ceux dont la réclamation est fondée sur une cause postérieure au tirage, un temps moralement nécessaire leur est accordé. (*Ibidem, art.* 69 *et* 70.)

42. Enfin, nous ne pouvons trop le répéter aux conscrits et à leurs parens, ils ne doivent pas perdre de vue que les délais, soit pour réclamer, soit pour produire des pièces, ne sont point comminatoires ; tous sont et doivent être de rigueur. L'activité est de l'essence des opérations relatives à la conscription ; rien ne doit en ralentir ni en entraver la marche, et d'ailleurs comme tout homme qui ne part pas nécessite le départ d'un autre, les délais que l'on accorderait à un conscrit laisseraient

en suspens le sort de ceux qui le suivent dans l'ordre des numéros, et seraient une injustice envers eux.

TITRE IV.

EXEMPTIONS DE SERVICE.

43. Huit classes d'hommes ont des droits à l'exemption de service, comme conscrits. Leurs droits ne sont pas les mêmes. Nous allons, sous divers paragraphes, indiquer les conditions qui y donnent ouverture, en faire connaître les modifications et signaler les cas où l'exemption cesse d'avoir son effet.

§ Ier. *Enrôlés volontaires.*

44. Les enrôlés volontaires ne sont exempts de l'appel pour la conscription, qu'autant que leur enrôlement a été contracté devant le Maire d'une Commune dans la forme prescrite par la loi du 19 fructidor an 6, et qu'il est *antérieur à la désignation* qui aurait été faite de l'enrôlé volontaire lors de l'appel de sa classe de conscription. (*Décret impérial du 8 fructidor an 13, art. 78.*)

45. Tout engagement volontaire *postérieur à la désignation* est nul, et le conscrit doit être rendu à la destination qu'il aurait dû suivre, c'est-à-dire être maintenu sur la liste de son canton, et rappellé du corps où il s'est enrôlé si son numéro l'appelle à marcher comme conscrit. (*Instruction du 11 février 1808, art. 48.*)

46. On est conscrit *désigné* dès l'instant du tirage, lorsqu'on est placé, par son numéro, soit dans l'armée active, soit dans la réserve. (*Ibidem.*) On ne l'est après le tirage que lorsqu'on se trouve appelé par l'exemption ou par la réforme de numéros antérieurs. En conséquence, un conscrit qui a concouru au tirage, peut contracter un engagement volontaire tant que son numéro n'est point appelé.

47. Les père, mère, parens ou amis du conscrit enrôlé volontairement qui réclame l'exemption, doivent fournir au Conseil de recrutement un certificat du conseil d'administration du corps où l'enrôlé sert, afin de constater sa présence sous les drapeaux. (*Ibidem, art. 49.*)

48. Il n'est pas nécessaire pour se procurer

ce certificat de s'adresser au corps même que l'on ne sait souvent où trouver; il suffit d'écrire au dépôt du corps, et il est facile d'en connaître la résidence, en la demandant au commissaire des guerres du département par l'intermédiaire du Maire qui peut correspondre, franc de port, avec ce commissaire, en écrivant sous bande et en contresignant.

49. Si ce certificat n'est pas produit avant le jour fixé pour l'envoi du procès-verbal de clôture des séances ordinaires du Conseil de recrutement, auquel il doit être joint, le conscrit sera déclaré premier à marcher et soixante jours après déclaré réfractaire; à moins que, pendant ce dernier délai, il n'ait fourni le certificat exigé. (*Ibid.*, *art.* 50.)

50. On range dans la classe des enrôlés volontaires les conscrits qui étaient, avant leur désignation, et sont encore attachés à l'armée de terre en qualité d'officiers de santé. Voyez ci après n°. 70, le cas où cette exemption peut cesser d'avoir son effet.

§. II. *Inscrits maritimes.*

51. L'inscription maritime ne peut aussi

donner droit à l'exemption de service, comme conscrit, qu'autant qu'elle ait été légalement contractée, et qu'elle soit antérieure à la désignation. (*Décret impérial du 8 fructidor an 13, art. 16.*)

52. L'inscription devient nulle si elle est postérieure à la désignation, et l'homme inscrit illégalement doit être rappelé, lorsque son numéro le désigne pour marcher comme conscrit.

Voyez, au surplus, ci-dessus les n°s. 47, 48 et 49, dont les dispositions s'appliquent à l'inscrit maritime comme à l'enrôlé volontaire.

Voyez aussi ci-après, n°. 70, le cas qui fait cesser cette exemption.

§. III. *Grands prix des Ecoles d'arts.*

53. Les élèves des écoles de peinture, sculpture et autres, qui, dans les concours, ont obtenu les grands prix, jouissent d'une exemption absolue de service. Elle n'est susceptible d'aucune des restrictions mentionnées ci-après au §. 9. (*Instruction du 11 février 1808, art. 46.*)

54. L'élève qui réclame cette exemption doit représenter au conseil de recrutement un certificat du Ministre de l'intérieur, constatant que l'un des grands prix lui a été décerné. (*Instruction du 31 décembre 1806, tableau joint n°. 4.*)

§. IV. *Ministres des Cultes.*

55. Les conscrits qui, lors de l'appel, se trouvent engagés dans les ordres sacrés, peuvent, dans la séance du tirage, demander que leurs noms soient retirés de la liste. (*Décret du* 13 *messidor an* 10.) Les ministres protestans jouissent de la même faveur. (*Instruction du 11 février 1808, art.* 51.)

56. Pour pouvoir réclamer cette exception, le conscrit, engagé dans les ordres sacrés ou ministre protestant, doit produire le titre authentique qui lui confère le caractère auquel l'exception est attachée.

57. Quant aux conscrits qui se destinent seulement au service des cultes, mais qui ne sont encore ni sous-diacres ni ministres, il faut *indispensablement* pour que leurs noms

soient retirés de la liste, qu'ils aient obtenu un décret *spécial* de S. M. qui les autorise à continuer leurs études. Ils doivent en conséquence représenter ce décret spécial. (*Ibid.*)

Voyez ci-après, n°. 70, les cas où le conscrit, ainsi exempté, peut être rappelé pour la conscription.

§. V. *Elèves de diverses Écoles nationales.*

58. Les écoles auxquelles ce privilége est attaché sont l'école polytechnique, les écoles spéciales militaires, celle des trompettes et les écoles vétérinaires de Lyon et d'Alfort. (*Décret du 8 fructidor an 13, art. 17; Instruction du 11 février 1808, art. 8 et 53.*)

59. Pour jouir des exceptions qui leur sont accordées, les élèves doivent produire un certificat du conseil de l'école dans laquelle ils sont admis.

60. Les conscrits qui ne sont encore qu'*aspirans* à l'école polytechnique ne sont pas rayés de la liste, comme les élèves *admis*, mais ils obtiennent du conseil de recrutement un sursis de départ, lorsque le professeur du lycée ou de tout autre établissement au-

torisé dans lequel ils font leurs études, leur
délivre un certificat qui déclare qu'il croit,
en son ame et conscience, que le conscrit
son élève est assez instruit pour être admis à
l'école impériale polytechnique lors du plus
prochain examen. (*Instruction du* 11 *février*
1808, *art.* 52.)

Voyez ci-après, n°s. 70, 71, 72 et 73,
les cas où les élèves ou aspirans, dont nous
venons de parler, perdent la faveur qui leur
avait été accordée.

§. VI. *Jeunes de Langues.*

61. On appelle ainsi les jeunes gens qui,
sous la direction du Ministre des relations
extérieures, se dévouent à l'étude des langues orientales. Ils jouissent de l'exemption
accordée aux élèves mentionnés dans le § qui
précède. (*Instruction du 31 décembre 1806,
art. 14.*)

62. Pour jouir de l'exception, ils doivent
produire au conseil un certificat du Ministre
constatant leur présence à l'école.

Cette exemption peut aussi leur être retirée
dans le cas énoncé ci-après, sous le n°. 74.

§. VII. *Ouvriers des manufactures d'armes,*
et Graveurs attachés au Dépôt de la
guerre.

63. Ces ouvriers et graveurs ne sont indi-
qués par les instructions ministérielles que
comme devant être placés à la fin de la réserve; mais, comme dans le cas où la réserve
est appelée, ils restent dans leurs manufactures ou dans le dépôt, l'effet de la faveur qui
leur est accordée équivaut pour eux à une
exemption; elle ne nuit d'ailleurs en rien
aux autres conscrits, en ce que ces hommes
comptent en déduction du contingent. (*Ins-*
truction du 11 février 1808, art. 61 et 62.)

§. VIII. *Conscrits mariés.*

64. L'exception pour cause de mariage n'a
point été jusqu'à présent admise dans les premiers appels d'une classe de conscription, mais
elle l'est ordinairement lorsqu'un nouvel appel
a lieu sur une classe qui a fourni son premier
et principal contingent. C'est ainsi que les
conscrits mariés ont été dispensés de l'appel

lors des levées supplémentaires ordonnées en 1808 par un sénatus-consulte du 10 septembre, et en 1809 par un autre sénatus-consulte du 18 avril. C'est ainsi qu'ils viennent de l'être encore en cette même année 1809, pour la levée de 36,000 hommes ordonnée par le sénatus-consulte du 5 octobre.

Il est essentiel d'observer qu'il ne suffit pas, en pareil cas, d'être marié au moment où l'on se trouve appelé ; il faut que le mariage soit antérieur à la publication du sénatus-consulte qui a ordonné la levée. (*Instruction du 12 septembre 1808, art. 13.*)

65. L'exemption, que les sénatus-consultes ci-dessus cités ont admise en faveur du mariage, ne s'applique pas aux conscrits devenus veufs ou divorcés, et qui n'ont point d'enfans. (*Ibidem.*)

66. Les conscrits mariés, lorsqu'une exception est admise en leur faveur, doivent représenter au Sous-Préfet de leur arrondissement un extrait, dûment légalisé et en bonne forme, de leur acte de mariage, plus un certificat du Maire et de trois témoins pères de famille, constatant que l'individu qui demande à jouir

de l'exception est bien celui que désigne l'acte de mariage; le Sous-Préfet vise le certificat du Maire, et le tout est ensuite produit au Conseil de recrutement. (*Ibidem, art. 14.*)

67. Les délais dans lesquels cette production doit être faite sont sujets à varier; mais, à chaque appel, le Préfet les indique aux conscrits. Ceux-ci ne peuvent trop scrupuleusement s'astreindre à ne pas les dépasser, *parce qu'ils sont de rigueur.* (*Ibidem, art. 3o.*)

68. Quant aux conscrits mariés hors de leur département, et qui, par-là, seraient dans l'impossibilité de produire, au jour fixé, leur acte de mariage, les Conseils de recrutement, auxquels il appartient de juger de cette impossibilité, peuvent leur accorder une prorogation de délai, dont le terme est ordinairement fixé par le Directeur général de la conscription; mais la faveur de ce nouveau délai ne peut être obtenue que sur un certificat du Maire et de trois témoins pères de famille, attestant que le mariage est de notoriété publique. (*Ibidem, art. 14.*)

§ IX.

§. IX. *Cas où les exemptions cessent d'avoir leur effet.*

69. Lorsque la cause d'une exemption vient à cesser, l'exemption doit cesser avec elle. Ainsi :

70. Les individus dont l'inscription a cessé sur les registres de la marine ; les élèves sortis de l'école polytechnique sans avoir reçu du Gouvernement une destination ; les officiers de santé dont la commission a été rapportée par S. Exc. le Ministre Directeur de l'Administration de la guerre ; les jeunes gens qui ont quitté les séminaires sans prendre les ordres qui les attachent irrévocablement au service des cultes, ou que S. Exc. le Ministre des cultes a remis comme conscrits à la disposition du département de la guerre, doivent être rétablis sur le tableau général de leur classe au rang que le sort leur avait assigné. En conséquence, ils sont premiers à marcher si leur n°. a déjà été appelé ; et s'il ne l'a point été, ils concourent au premier appel comme les autres conscrits. (*Instruction du 11 février 1808, art. 4, 7 et 9.*)

3

71. Les aspirans à l'école polytechnique qui, après avoir obtenu un sursis de départ, comme il a été dit n°. 60, n'auront pas été admis au plus prochain examen, seront dirigés sur un corps militaire, si le contingent de leur canton n'est pas complet; et si le contingent est fourni, ils seront renvoyés à la levée la plus prochaine. (*Ibidem, art.* 52.)

72. Il en est de même des élèves des écoles vétérinaires de Lyon et d'Alfort qui, ayant commencé leur cours, sortent de l'école, ou en sont renvoyés. (*Ibidem, art.* 53.)

73. Les élèves des écoles militaires et de celle des trompettes sont considérés comme faisant partie de l'armée; en conséquence, s'ils sortent de l'école pour quelque motif que ce soit avant d'avoir été placés par le Gouvernement, ils doivent être dirigés sur l'un des corps se recrutant dans le département où ils étaient inscrits, quel que soit le n°. qu'ils aient obtenu lors du tirage. (*Ibidem, art.* 8.)

74. Les jeunes de langues qui sortiraient de l'école sans être placés par le Gouvernement, seront tenus de concourir au plus

prochain appel, si leur n°. n'a pas été atteint. Si leur n". a été appelé, ils doivent être premiers à marcher, comme il a été dit ci-dessus pour les élèves de l'école polytechnique auxquels ils sont assimilés. (*Instruction du* 31 *décembre* 1806, *art.* 14.)

75. Les conscrits, rétablis sur les listes en conformité des articles qui précèdent, peuvent demander leur réforme s'ils y ont des droits, et ils sont jugés, dans ce cas, par le Conseil de recrutement comme tout autre conscrit. (*Instruct. du* 11 *février* 1808, *art. 8.*)

76. Ils peuvent aussi (sauf ceux mentionnés art. 73, qui font partie de l'armée) réclamer leur mise à la fin du dépôt, s'ils sont dans l'un des cas qui seront énoncés au titre 6, ou demander à se faire remplacer, conformément à ce qui sera dit titre 8.

TITRE V.

RÉFORMES.

77. La réforme d'un conscrit peut être prononcée pour trois causes différentes.

§. Ier. *Difformité évidente.*

78. Lorsque, dans la réunion pour le tirage, un conscrit est reconnu avoir quelque difformité, qui le met évidemment, et sans qu'il soit besoin de la visite d'un homme de l'art, hors d'état de servir, le Sous-Préfet, sous sa responsabilité, en prononce de suite la réforme. (*Décret impérial du 8 fructidor an 13, art. 17.*)

79. Cette réforme ne peut avoir lieu que lorsque le conscrit se trouve privé, soit de la vue, soit d'un bras ou d'une jambe, lorsqu'il est ou boiteux ou bossu d'une manière prononcée, lorsqu'il est incontestablement et universellement reconnu comme sourd ou muet, ou enfin lorsqu'il a quelque autre cause de réforme généralement et publiquement attestée par le Maire et par les conscrits concourant avec lui. (*Instruction du 11 février 1808, art.* 18.)

En cas de réclamations contre les décisions du Sous-Préfet, voyez ci-dessus n°. 6.

Et en ce qui concerne l'indemnité due pour la réforme, voyez ci-après n°. 145.

§. II. *Défaut de Taille.*

80. La taille requise pour le service militaire est 1 mètre 544 millimètres (4 pieds 9 pouces.) Tout individu au-dessous de cette taille doit être réformé (*Décret impérial du 8 fructidor an* 13, *art.* 14.)

81. Si le conscrit n'a qu'un mètre 500 millimètres (4 pieds 7 pouces et demi) ; le Sous-Préfet, dans la séance même du tirage, en prononce la réforme, sauf l'appel au Conseil de recrutement, en cas de doute sur le fait. Celui qui a plus que cette taille, mais moins d'un mètre 544 millimètres, ne peut être réformé que par le Conseil. (*Instruction du* 11 *février* 1808, *art.* 19.)

Voyez, en ce qui concerne les indemnités dues, le titre 9, n°. 145.

§. III. *Infirmités.*

82. Les infirmités qui peuvent donner lieu à la réforme sont nombreuses ; il serait trop long et d'ailleurs inutile de les détailler : il suffit de dire que ce sont celles qui rendent un homme incapable de supporter les fatigues

de la guerre , et notamment des marches ; celles qui , par la privation ou la mauvaise conformation , soit d'un membre , soit d'une partie quelconque du corps , le rendent impropre aux divers mouvemens qu'exigent les manœuvres et le maniement des armes ; celles enfin qui affaiblissent les sens et les organes du conscrit, au point de compromettre aux armées le service dont il pourrait être chargé.

83. Les gens de la campagne confondent quelquefois des maladies avec les infirmités. Une maladie, la fièvre , par exemple , n'est pas un motif de réforme ; il serait injuste qu'un accident passager exemptât un homme , et en fît partir un autre à sa place. Un malade est provisoirement renvoyé chez lui ou mis à l'hôpital ; il part dès qu'il est guéri. Voyez ci-après le n°. 185.

84. Les réclamations *pour infirmités* ne doivent et ne peuvent être appuyées *d'aucune pièce , d'aucun certificat ;* et si nous avons dit plus haut , n°. 39 , que les conscrits doivent en rapporter dans le cas d'une infirmité survenue depuis le tirage , ce n'est que pour éclairer le Conseil sur les causes et

l'époque de l'événement, et nullement pour prouver, soit l'existence, soit la gravité de l'infirmité alléguée. Le Conseil, sur ce dernier point, ne peut former son opinion que par l'inspection qu'il fait avec un officier de santé de l'état physique du conscrit.

En vain dirait-on que le Conseil ne peut juger en un moment des effets que peut produire habituellement sur un homme une infirmité qui n'est que peu apparente, comme par exemple, une ancienne cicatrice qui paraîtrait légère et qui occasionnerait périodiquement des douleurs ; cette considération est nulle pour les Conseils de recrutement ; ils ne sont juges que de ce que leurs sens peuvent leur faire appercevoir ; ils ne peuvent baser leur opinion sur une espèce d'infirmités qu'il est trop facile de feindre, ni sur des attestations qu'il est trop facile d'obtenir, et ce n'est que sous les drapeaux que peuvent être réformés, après l'expérience du temps, des hommes qui seraient affligés d'infirmités de la nature de celles dont nous parlons.

Nous devons donc répéter qu'aucun certificat, qu'aucune pièce ne peut être utile

pour appuyer des motifs de réforme ; les
Conseils de recrutement ont ordre de dé-
chirer et déchirent ceux qu'on leur présente.
Les conscrits n'ont rien de mieux à faire
que de se présenter avec exactitude, docilité et confiance. Ils n'ont, à la vérité, aucune faveur à espérer de la part des Conseils,
parce qu'une faveur, qui dispense du service
celui que son numéro appelle, entraîne une
atroce injustice contre le numéro qui le suit ;
mais ils n'ont aussi aucune rigueur à craindre,
puisqu'un des principaux devoirs des Conseils est de n'admettre que des sujets qui réu-
nissent la force et les moyens que le service militaire exige. (*Instruction du* 11
février 1808, *art.* 54.)

85. Toutes les réformes légalement accordées aux conscrits des années 8, 9, 10, 11,
12, 13 et 14, sont définitivement maintenues
par le Gouvernement, et ne pourront être
révoquées sous quelque prétexte que ce soit.
(*Décret impérial du* 12 *septemb.* 1808, *art.* 6.)

Il en est de même des réformes accordées
aux conscrits des classes de 1806, 1807,
1808, 1809 et 1810. (*Sénatus-consulte du*

5 octobre 1809, *et Instruction du 8 du même mois, art. 6.*)

Voyez, en ce qui concerne les indemnités de réforme, le titre 9, n°. 145 et suivans.

TITRE VI.

MISE A LA FIN DU DÉPÔT.

86. On appelle *Dépôt* ce qui reste de conscrits d'une même classe et d'un même canton, après que le contingent du canton se trouve complet.

Ainsi, que l'on suppose un canton contenant 150 conscrits de la classe. Si le contingent pour l'armée active et la réserve est de 30 et qu'il y ait 20 hommes exemptés ou réformés, les 100 conscrits d'excédant forment le dépôt.

Si 20 de ceux-ci sont placés à la fin du dépôt, ils ne peuvent être appelés à marcher qu'après que les 80 autres l'ont été.

87. Il y a ainsi un dépôt par chaque canton, et les conscrits placés à la fin y prennent rang dans l'ordre des numéros qu'ils ont ob-

tenus lors du tirage. (*Décret impérial du 8 fructidor an* 13 , *art.* 18.)

88. La faveur d'être placé à la fin du dépôt peut être accordée par quatre motifs que nous allons successivement indiquer.

§. Ier. *Conscrit ayant un frère à l'armée.*

89. Les Conseils de recrutement doivent accueillir la demande que fait un conscrit d'être placé à la fin du dépôt lorsqu'il a un frère faisant actuellement , comme conscrit, partie de l'armée active, pourvu qu'un autre frère n'ait pas déjà , pour ce même motif, profité de cette faveur. (*Décret impérial du 8 fructidor an* 13, *art.* 18.)

90. Cette exception a depuis été étendue à ceux qui ont un frère mort en activité de service , pourvu que ce frère ait aussi passé sous les drapeaux comme conscrit désigné par le sort. (*Instr. du* 11 *février* 1808, *art.* 64.)

91. L'exception a lieu également si les frères sont de différens lits , même s'ils ne sont que frères utérins. (*Ibidem, et instruction du* 28 *avril* 1807 , *art.* 3.)

92. On l'applique enfin à l'un des deux frères jumeaux ou non jumeaux, qui se trouvent de la même classe et sont appelés en même-tems. Celui qui a obtenu le numéro le moins élevé, si ce numéro l'appelle à partir, est considéré comme faisant actuellement partie de l'armée active, et l'autre a droit à la fin du dépôt. (*Mêmes Instructions, art. 3 de celle de* 1807 *, et art.* 66 *de celle de* 1808.)

93. Il faut remarquer que, d'après les textes que nous venons de rappeler, il ne suffit pas d'avoir un frère au service pour pouvoir réclamer l'exception, il faut que ce frère déjà au service y ait été appelé *comme conscrit*, qu'il y ait été appelé *par le sort*, et qu'il fasse partie *de l'armée active* ou y ait appartenu lorsqu'il est mort.

Ainsi, si le frère dont on invoque les services est un ancien *réquisitionnaire*, ou un *enrôlé volontaire*, ou un homme *non désigné*, admis dans les vélites, s'il n'est au service que fictivement parce qu'il se serait fait *remplacer*, ou s'il sert comme *remplaçant*, si enfin il sert dans un corps qui, comme les compagnies de réserve par exemple , *ne fait pas partie de l'armée active* , il n'y a pas lieu à la faveur de la mise à la fin du dépôt. (*Instruction du* 11 *février* 1808 , *art.* 64.)

94. La faveur du dépôt ne peut être accordée non plus au frère d'un conscrit qui a été condamné comme réfractaire , à moins que celui-ci n'ait obtenu d'être rayé , comme étant ou sous les drapeaux , ou à l'hôpital en route à l'époque de sa condamnation. (*Ibidem.*)

95. Enfin , il n'y a pas lieu à la faveur du dépôt si le conscrit qui la réclame , et celui dont il invoque les services , ne sont frères ou demi-frères que par l'adoption de l'un d'eux. (*Ibidem* , *art.* 67.) A plus forte raison s'il ne sont que frères ou demi-frères naturels , c'est-à-dire si l'un d'eux n'était pas né d'un mariage légitime.

96. La dénomination d'armée active comprend uniquement les régimens , corps , ou compagnies qui se recrutent par la voie de la la conscription. Cependant on considère comme faisant partie de l'armée active 1°. les conscrits de réserve des années 9 , 10 et 1806 appelés pour le service de la marine par

l'arrêté du 23 ventose an 11 , par celui du 10 thermidor de la même année , et par le décret du 28 septembre 1806 ; 2°. les conscrits pris sur la réserve de 1806 , pour être envoyés aux équipages militaires ; 3°. ceux qui , après avoir été incorporés comme conscrits dans les compagnies de réserve départementales , ont passé dans l'armée active ; 4° et enfin , les conscrits de réserve qui ont été appelés pour la garde municipale de Paris. (*Ibidem*, *art.* 64.)

97. Les enrôlemens volontaires pour la garde municipale de Paris , qui ont été contractés depuis le 5 juillet 1809 jusqu'au 1er. septembre suivant , produisent pour les familles des enrôlés les mêmes effets qu'un appel fait par la conscription , c'est-à-dire qu'ils donnent au frère de celui qui a contracté l'engagement , le droit de réclamer son placement à la fin du dépôt. (*Décision du* 28 *juin* 1809.)

98. Tout conscrit qui demande à être placé à la fin du dépôt comme ayant un frère à l'armée , doit justifier par pièces authentiques de la vérité de son exposé.

99. Pour cela, et s'il a eu soin, comme nous l'avons recommandé plus haut au titre des réclamations, n°s. 33 et 34, d'invoquer son droit au moment même de son inscription sur la liste de sa Commune, il lui suffit de produire au Conseil de recrutement un certificat du Maire conçu de la manière suivante :

» *Je soussigné, Maire de la Commune* » *d..... certifie que le sieur* (mettre ici les » nom et prénoms du frère, l'arme dans » laquelle il sert et le n°. de son corps) *a* » *été appelé pour faire partie du contin-* » *gent de la conscription de..... et que le* » *sieur..... son frère conscrit de* (indiquer » la classe) *qui réclame le bénéfice de l'art.* » *18 du décret impérial du 8 fructidor an* » *13, n'a point de frère qui ait déjà, pour* » *ce motif, été placé à la fin du dépôt.* » *Fait à..... le.....* ». Ce certificat doit être visé par le Sous-Préfet. Voyez ci-après le n°. 112.

100. Si le conscrit qui réclame la faveur du dépôt a négligé de former sa demande en se faisant inscrire, il doit de plus alors se procurer lui-même, et produire au Conseil

de recrutement un certificat du Conseil d'administration du corps dont son frère fait ou
a fait partie , pour constater que ce frère
est présent ou est décédé sous les drapeaux
de ce corps. Voyez ci-dessus , n°. 48.

101. Lorsqu'un conscrit placé à la fin du
dépôt, parce qu'il s'est présenté comme frère
d'un conscrit sous les drapeaux ou mort en
activité de service, devra en sortir, parce que
ses droits à cette faveur n'auront pas été définitivement constatés, il sera, si son numéro
l'a appelé à marcher, porté en tête des listes
de la classe qui s'ouvrira après sa sortie du
dépôt. (*Instruct. du 23 avril* 1809, *art.* 23.)

§. II. *Conscrit , enfant unique d'une
veuve.*

102. L'enfant unique d'une veuve doit être
placé à la fin du dépôt. (*Décret impérial
du 8 fructidor an* 13 , *art.* 18.)

Par *enfant unique* il ne faut pas entendre,
le *fils* unique d'une veuve , mais celui qui n'a
ni frère ni sœur de la même mère de quelque
lit que ce soit. (*Instruction du* 11 *février*
1808 , *art.* 65.)

On doit, de plus, observer qu'il faut que la mère soit *actuellement* veuve, en sorte que le fils d'une veuve remariée ne pourrait, quoiqu'il fût enfant unique, prétendre à la faveur du dépôt. (*Ibidem.*)

103. Les fils d'adoption et, à plus forte raison, les enfans naturels ne peuvent non plus y prétendre. (*Ibidem*, art. 67.)

104. Celui qui réclame la faveur du dépôt, comme enfant unique d'une veuve, doit se procurer et produire au Conseil de recrutement un certificat du Maire de sa Commune et de trois pères de famille y domiciliés, conforme au modèle suivant : «*Je soussigné,* » *Maire de la Commune de..... certifie* » *que le sieur* (les nom et prénoms du cons- » crit) *conscrit de.....* (indiquer la classe) » *domicilié en cette Commune, est l'enfant* » *unique d'une femme actuellement veuve,* » *c'est-à-dire qu'il n'a ni frère ni sœur* » *de la même mère, et que celle-ci n'est* » *pas remariée. Le présent certificat délivré* » *d'après des renseignemens dont l'exac-* » *titude est à ma connaissance personnelle,* » *et, en outre, d'après l'attestation des trois*

pères

» *pères de famille soussignés , auxquels*
» *j'ai préalablement donné connaissance*
» *des peines portées par la loi du 24 bru-*
» *maire an 6 , contre ceux qui par de fausses*
» *déclarations , ou tout autrement , favo-*
» *riseraient la désobéissance aux lois con-*
» *cernant la conscription , fait à..... le.....*
Voyez ci-après le n°. 112.

L'exception dont il s'agit ici profite à l'enfant unique d'une femme veuve, *quel que soit l'âge de cette dernière.* Voyez ci-après le § 4 pour le cas où une veuve est âgée de 71 ans et a plusieurs enfans.

§. III. *Conscrit, aîné d'enfans orphelins.*

105. Le conscrit qui est l'aîné d'enfans orphelins, au nombre de trois au moins, lui compris, a le droit d'être placé à la fin du dépôt. (*Décret impérial du 8 fructidor an 13 , art. 18.*)

Par orphelin, il ne faut pas entendre des enfans qui ont perdu leur père ou leur mère, mais ceux qui les ont perdus tous deux. (*Instruction du 11 février 1808 , art. 66.*)

4

Le mot *aîné* ne doit pas non plus s'entendre du *fils* aîné, mais de l'*enfant* aîné; ainsi, l'on ne considère pas comme aîné d'enfans orphelins le conscrit qui a une ou plusieurs sœurs plus âgées que lui. (*Ibidem.*)

106. Dans le nombre de trois orphelins, nécessaire pour avoir droit à la faveur, on ne doit pas comprendre des frères ou sœurs qui ne le seraient que par adoption, ou qui ne seraient pas nés en légitime mariage. (*Ibidem, art.* 67.)

107. L'aîné d'enfans orphelins qui prétend à la faveur du dépôt doit se procurer et produire au Conseil de recrutement un certificat du Maire de sa Commune et de trois pères de famille y domiciliés, conforme à la formule suivante: « *Je soussigné, Maire de la Com-*
» *mune de . . . . . certifie que le sieur* (les
» nom et prénoms du conscrit), *conscrit*
» *de . . . . .* (indiquer la classe), *domicilié*
» *dans cette Commune, est l'aîné d'en-*
» *fans orphelins de père et de mère, au*
» *nombre de . . . . . lui compris, c'est-à-*
» *dire qu'il n'a ni frère ni sœur qui soit*
» *plus âgé que lui. Le présent certificat dé-*

» *livré d'après les renseignemens*, etc. »
(Le surplus, comme à la formule du § qui précède.) Voy., d'ailleurs, ci-après le n°. 112.

§. IV. *Conscrit, fils d'un père âgé de 71 ans, ou d'une mère, veuve et du même âge.*

108. Le fils d'un père vivant du travail de ses mains, et qui a atteint l'âge de 71 ans, a le droit d'être placé à la fin du dépôt, si un autre de ses frères n'a pas déjà, pour ce même motif, profité de cette faveur. (*Décret impérial du 8 fructidor an* 13, *art.* 18.)

Ces mots *vivant du travail de ses mains* s'entendent d'un manouvrier, laboureur *à gages*, ou artisan. (*Instruction du* 11 *février* 1808, *art.* 67.)

Les mots *qui a atteint l'âge de* 71 *ans*, s'entendent du vieillard qui a 71 ans *révolus le jour fixé pour la clôture des séances ordinaires.* (*Ibidem.*)

109. Les fils d'adoption et, à plus forte raison, les fils naturels n'ont point de droit à la faveur de la fin du dépôt. (*Ibidem.*)

110. Le fils d'une mère veuve, ayant aussi 71 ans révolus, et vivant du travail de ses mains, a les mêmes droits que le fils d'un père de même âge et de même condition, sauf les exceptions et modifications indiquées sous les 2 numéros qui précèdent. (*Instruction du 28 avril 1807, art. 3.*)

111. Pour être admis à jouir de cette exception, le conscrit qui l'invoque doit se procurer et produire au Conseil de recrutement un certificat du Maire de sa Commune et de trois pères de famille, conforme à la formule qui suit : « *Je soussigné, Maire de la Com-* » *mune de..... certifie* 1°. *que le sieur* (les » nom et prénoms du conscrit) *conscrit de..* » ..... (indiquer la classe) *est fils de*..... (in- » diquer les nom et prénoms du père ou de » la mère) *domicilié en cette Commune* ; » 2°. *que ce dernier, vivant du travail de* » *ses mains, a atteint l'âge de* 71 *ans ré-* » *volus, ainsi qu'il résulte de son acte de* » *naissance ci-joint* ; 3°. *que le conscrit ci-* » *dessus dénommé n'a point de frère qui,* » *à raison de l'âge de sondit père (ou de* » *sadite mère), ait déjà été placé à la fin du*

» dépôt. *Le présent certificat délivré d'a-*
» *près des renseignemens etc.* » (Le surplus
comme à la formule indiquée au § 2.)
Voyez les observations générales qui suivent.

§. V. *Observations générales.*

112. Il importe beaucoup aux conscrits
que les Maires se conforment avec un soin
scrupuleux aux formules que nous venons
d'indiquer et qui ont été rédigées d'après les
instructions de S. Exc. le Ministre d'Etat Directeur général de la conscription. (*Ins-*
truction du 12 *septembre* 1808, *art.* 16.)

Il n'importe pas moins que ces certificats
soient complets, c'est-à-dire qu'il s'expliquent
sur tous les points pour lesquels ils sont exigés.

Par exemple : Supposons un conscrit fils
d'un vieillard de 71 ans, et supposons en
même tems qu'il paraisse douteux que ce
vieillard puisse être rangé dans la classe des
hommes vivant du travail de leurs mains.

Le Maire, croira-t-il délivrer un certificat
utile et régulier en le rédigeant d'une manière
parfaitement conforme à la formule, et en

supprimant simplement la phrase *vivant du travail de ses mains*. Il se tromperait. Un semblable certificat serait insuffisant, et le conscrit qui en serait porteur serait obligé de partir.

On le répète : les certificats doivent s'expliquer nettement sur tous les faits pour lesquels ils sont exigés. Ainsi, dans le cas supposé, le Maire doit exprimer son doute et en donner les motifs ; et s'il était certain que le vieillard ne vécût pas du travail de ses mains, il doit à plus forte raison le dire ; ou, ce qui serait mieux encore, refuser le certificat.

Les Maires doivent aussi se rappeler que nulle faveur, en matière de conscription, ne peut être attachée à l'existence des enfans naturels ou d'adoption. Ils doivent donc les compter pour rien dans les certificats qu'ils délivrent. Voyez ci-dessus les n°s. 95, 103, 106 et 109.

Enfin, que les Maires ne perdent pas de vue cette observation, qu'en cherchant à favoriser un homme, on commet envers un autre une monstrueuse injustice : la vérité seule alors les guidera.

Ces observations s'appliquent à toute espèce de certificat qu'un Maire peut être dans le cas de délivrer sur quelqu'objet que ce soit.

TITRE VII.

SUBSTITUTIONS.

113. Les conscrits peuvent, par suite d'arrangemens faits entre eux de gré à gré, demander au Conseil de recrutement d'échanger leurs numéros aux conditions exprimées dans les trois paragraphes suivans. (*Instruction du 11 février 1808, art. 74.*)

Ces sortes d'arrangemens ne peuvent être admis que pendant les cinq jours après la clôture des opérations du Conseil de recrutement pour l'examen des conscrits *du canton.* (*Ibidem, art. 76.*)

114. Si un conscrit libre s'offre pour remplacer son frère, cet acte est considéré, non comme un remplacement, mais comme une substitution. (*Ibidem, art. 84.*)

Voyez ci-après, tit. 9, §. 2, le n°. 168.

§. Iᵉʳ. *Conditions requises pour qu'un substituant soit admissible.*

115. Le substituant doit être du même canton et de la même classe que le substitué; il doit, de plus, être aussi capable que lui de soutenir les fatigues de la guerre. (*Instruction du* 11 *février* 1808, *art.* 74.)

116. Ces conditions ne sont pas également requises lorsqu'on est substitué par son frère. Ce dernier peut être d'un autre canton ou d'une autre classe; mais il faut toujours qu'il soit valide, et qu'il puisse supporter les fatigues de la guerre. (*Ibidem, art.* 84.)

117. Dans tous les cas, on ne peut admettre de substitution, lorsque le substituant ou le substitué a demandé sa réforme. (*Ibidem, art.* 74.)

§. II. *Responsabilité du substitué.*

118. Lorsque le substituant ne rejoint pas les drapeaux, le substitué est obligé de marcher à sa place. (*Ibidem, art.* 84.)

119. Le substitué est encore responsable de

son substituant, sous le rapport de son aptitude au service; et si ce dernier était réformé
à son arrivée au corps en vertu du décret
du 6 janvier 1807, le substitué devrait aussi
marcher à sa place. (*Ibidem*, *art.* 78.)

Voyez, sur l'indemnité due par le substituant réformé, le n°. 152.

§. III. *Cas de nouvel appel.*

120. Si, par un nouvel appel, le numéro
du substituant, déjà parti, se trouve atteint,
le substitué est obligé de marcher à sa place.
(*Instruction du* 11 *février* 1808, *art.* 84.)

121. Dans ce cas, comme dans ceux indi-
qués au §. 2, le substitué, obligé de marcher
pour le substituant, peut recourir, s'il le veut,
à la voie de remplacement dont il sera parlé
sous le titre qui suit. (*Ibidem*, *art.* 87.)

TITRE VIII.

REMPLACEMENS.

122. Les conscrits désignés pour l'armée
active, soit par le 1er. appel, soit par un appel

subséquent, jouissent jusqu'au moment de la revue du départ, de la faculté de fournir des suppléans ou remplaçans. (*Décret impérial du 8 fructidor an* 13, *art.* 5o.)

123. Les conscrits désignés pour la réserve ne peuvent se faire remplacer que du moment où ils sont appelés à l'armée active. (*Instruction du* 11 *février* 1808, *art.* 86.)

124. Les conscrits du dépôt ne le peuvent non plus que lorsque leur n°. est atteint par un appel subséquent. (*Ibidem.*)

§. Ier. *Conditions requises pour qu'un remplaçant soit admissible.*

125. Il faut, pour qu'un remplaçant soit admis, 1°. qu'il ait satisfait aux lois sur la conscription, et qu'il y ait satisfait dans le département du remplacé ; 2°. qu'il soit d'une santé forte, d'une constitution robuste et qu'il n'ait aucune espèce d'infirmité ou de difformité ; 3°. que sa taille soit au moins d'un mètre 651 millimètres (5 pieds 1 pouce), s'il est présenté avant que le remplacé soit destiné à une arme particulière, et qu'il soit au moins de

la taille du remplacé, si ce dernier était déjà destiné à une arme quelconque ; 4°. qu'il soit porteur d'un certificat de bonnes vie et mœurs, délivré par le Maire de sa Commune et visé par le Sous-Préfet. (*Décret impérial du* 8 *fructidor an* 13 *, art.* 51.)

Il résulte de cette dernière disposition, qu'on ne peut admettre comme remplaçant tout individu qui, ayant été traduit en jugement devant un tribunal criminel, aurait été condamné à une peine quelconque, non plus que ceux qui auraient été condamnés pour vol par un tribunal de police correctionnelle. (*Ibidem.*)

126. Des conscrits ont quelquefois obtenu de pouvoir prendre leurs remplaçans hors de leur département : cette faveur ne peut être accordée que par le Ministre d'Etat Directeur général de la conscription.

127. Les classes dans lesquelles les remplaçans peuvent être pris sont déterminées, spécialement pour chaque levée, par le Gouvernement, et les conscrits en sont prévenus par les Préfets, lors des appels.

128. Si l'enfant unique d'une veuve, le fils

d'un père ou d'une mère veuve âgés de 71
ans, ou l'aîné d'enfans orphelins, placés à la
fin du dépôt en vertu du droit qu'ils y ont,
comme nous l'avons dit ci-dessus, se présentent pour remplaçans, ils ne peuvent être
admis qu'autant qu'ils produisent un consen-
tement par écrit et authentiquement constaté,
donné pour l'aîné d'orphelins par son tuteur,
et à défaut du tuteur, par le Maire de la Commune, et pour les autres, par la mère veuve,
ou par le père de 71 ans. (*Instruction du
11 février* 1808, *art.* 83.)

Voyez, pour les indemnités dues, le n°. 167.

§. II. *Responsabilité du remplacé.*

129. Tout remplacé est responsable de son
remplaçant. (*Décret impérial du* 8 *fructidor an* 13, *art.* 54.)

130. Si, à l'arrivée au corps, le remplaçant
n'y est pas jugé admissible, et que le Ministre, sur le rapport qui lui en serait fait,
prononce sa réforme, le remplacé est tenu
de fournir un nouveau remplaçant dans les
huit jours de la signification qui lui en est

faite par le Préfet, et de le faire rejoindre le corps à ses frais, ou bien de marcher lui-même, et de se rendre aux drapeaux, aussi à ses frais. (*Ibidem.*)

Il en est de même si, *pendant les trois premiers mois* qui suivent l'arrivée d'un remplaçant au corps, il était reconnu incapable de servir, pour raison d'infirmités ou autres causes *existantes lors de son admission*, et qu'il serait parvenu à dissimuler. (*Ibid.*)

Il résulte de ces dispositions : 1°. que le remplacé n'est responsable de l'aptitude au service, qu'autant que les infirmités, ou autres causes qui rendraient le remplaçant inadmissible, auraient existé lors de l'admission de ce dernier par le Conseil de recrutement ; 2°. que cette responsabilité ne dure que pendant les trois mois qui suivent l'arrivée au corps.

131. Néanmoins, si, même après les trois premiers mois, il était prouvé que le remplacé eût *sciemment* présenté au Conseil de recrutement un remplaçant inadmissible, soit pour des infirmités qu'il aurait dissimulées, soit pour toute autre cause, le remplacé en

demeurerait responsable ; il perdrait même,
dans ce cas, la faculté de se faire remplacer de
nouveau, et serait tenu de marcher en personne. *Instruction du 11 février* 1808,
art. 85.)

132. La responsabilité du remplacé, sous le
rapport de la désertion, dure deux ans. Pendant ce terme, et soit que le remplaçant ait
déserté avant d'avoir rejoint, soit qu'il ait
déserté après, le remplaçant doit fournir
un nouveau suppléant dans les quinze jours
de l'ordre qui lui en est donné, et le faire
rejoindre à ses frais, ou bien il sera tenu
de marcher lui-même, et aussi à ses frais.
(*Décret impérial du* 8 *fruct. an* 13, *art.* 55.)

Si cependant le remplaçant, qui a déserté
ou qui n'a pas rejoint, était arrêté, soit avant
d'être condamné, soit dans le mois de sa
condamnation, le remplacé, en en justifiant,
sera dispensé de fournir un nouveau suppléant et de marcher lui-même. (*Ibidem*,
art. 58.)

133. Si un conscrit remplacé vient à mou-
rir, le remplaçant reste sous les drapeaux,
comme s'il eût marché pour son propre

compte ; si c'est le remplaçant qui meurt , *après avoir été admis au corps*, le remplacé est dégagé de tout service (*Ibidem , art.* 57.)

Il résulte de cette dernière disposition , que si le remplaçant mourait *avant d'avoir été admis au corps*, le remplacé serait tenu de marcher ou de fournir un nouveau suppléant.

134. Toutes les fois qu'un suppléant déserte ou est réformé pour des causes non provenant du service , les engagemens contractés avec lui par le remplacé sont déclarés comme non avenus, et il est tenu de rembourser à ce dernier toutes les sommes qu'il en a reçues. (*Ibidem , art.* 58.)

Quant aux indemnités de remplacement que des remplacés avaient payées pour faire admettre des remplaçans qui ensuite ont été réformés ou ont déserté, voyez ci-après les n°s. 169 , 170 , 171 et 172.

§. III. *Cas de nouvel appel.*

135. En accordant aux conscrits la faculté de se faire remplacer, le Gouvernement n'a pas voulu que cette faveur pût changer le

sort d'autrui , et nuire aux intérêts de ceux qui sont étrangers à ces arrangemens.

Ainsi, lorsque , par l'effet d'une levée supplémentaire, le numéro d'un homme parti comme remplaçant se trouve appelé , il ne serait pas juste que le numéro qui le suit fût appelé en son lieu et place ; c'est pourquoi le Gouvernement a décidé que, dans ce cas, les remplacemens étaient annulés ; que le remplaçant était dès-lors censé servir pour son propre compte et à la déduction du contingent de son canton, et que le remplacé devait partir de son côté , ou se faire remplacer de nouveau , à la déduction du contingent du sien. (*Instruction du* 12 *septembre* 1808 , *art.* 40.)

136. Néanmoins, des motifs d'intérêt public, et en même-tems de justice , ont fait maintenir les remplacemens effectués : 1°. lorsque des conscrits , qui ont marché comme remplaçans , ont plus de deux ans d'activité de service au moment où leurs numéros sont appelés pour une levée supplémentaire; 2°. lorsque ces conscrits sont morts sous les drapeaux; 3°. lorsqu'ils ont été réformés pour blessure

blessures ou infirmités résultantes du service ;
4°. lorsque les remplacés ont droit à être
exemptés comme mariés avant la publication du sénatus-consulte qui a ordonné la
levée supplémentaire. (*Instructions du* 23
avril 1809 *, article* 28 *, et du* 8 *octobre
suivant, art.* 27.)

Voyez ci-après , en ce qui concerne l'indemnité de remplacement qui avait été payée,
le n°. 173.

TITRE IX.

INDEMNITÉS.

137. Nous n'entendons pas parler, sous ce
titre , des condamnations pécuniaires que les
tribunaux prononcent contre les conscrits réfractaires ou déserteurs. Ce que ceux-ci
doivent et payent dans ce cas , n'est point
une indemnité, mais une amende, une peine;
il en sera question ci-après , titre 13.

Les indemnités dont il s'agit ici sont de
deux espèces : 1°. les indemnités de réforme ;
2°. les indemnités de remplacement.

5

§. Ier. *Indemnités de Réforme.*

138. Les conscrits réformés pour l'une ou l'autre des causes énoncées au titre 5, ne payant pas personnellement à l'État la dette du service militaire, y satisfont par une indemnité dont le montant est déterminé par le Préfet. (*Loi du* 28 *floréal an* 10 *et décret impérial du* 8 *fructidor an* 13, *art.* 40 *et* 41.

139. L'indemnité est due solidairement par le conscrit et par ses père et mère. (*Instruction du* 30 *janvier* 1809, *art.* 34.)

140. Les père et mère n'en sont néanmoins pas tenus, si le conscrit réformé était marié avant l'appel de sa classe, et résidait hors de la maison paternelle. (*Ibidem.*)

141. La base adoptée pour la fixation de l'indemnité due par un conscrit, est le montant de ce qu'il paye en contributions directes, cumulé avec ce que payent ses père et mère, sans déduction des charges dont les biens peuvent être grevés. (*Décret impérial du* 8 *fructidor an* 13, *art.* 40.)

142. Le cumul n'a pas lieu lorsque le cons-

crit est marié et qu'il vit hors de la maison paternelle. (*Ibidem.*)

143. Dans les villes où les contributions mobilières sont remplacées par une addition à l'octroi municipal , la contribution personnelle décuplée, réunie aux autres contributions directes , sert de base à la fixation de l'indemnité. (*Ibidem* , *art.* 44.)

144. On dispense de l'indemnité ceux qui ne payent par eux-mêmes et par leurs père et mère que 5o fr. d'impositions. (*Ibidem,* *art.* 41.)

145. La quotité de l'indemnité se règle de la manière suivante :

Ceux dont les impositions s'élèvent de 5o à 1oo fr. payent une indemnité égale à leurs impositions. Au-delà de 1oo francs, l'indemnité augmente, en sommes rondes de 5o fr. par chaque somme de 25 francs d'impositions, sans toutefois que l'indemnité puisse s'élever au-delà de 1,2oo francs. (*Ibidem.*)

Voyez le tarif, modèle n°. 1 , à la suite de cette Instruction.

Cette fixation s'applique aux conscrits qui, se conformant à l'art. 15 du décret du 8 fructidor an 13 , ont déclaré leurs motifs de réforme dans la séance du tirage devant le Sous-Préfet.

146. Ces indemnités sont les mêmes pour les conscrits renvoyés des rangs à la revue du départ pour des infirmités qui leur sont survenues depuis leur désignation. (*Décret impérial du 8 fructidor an* 13 *, art.* 74.)

147. Ceux qui ne se sont pas conformés à l'obligation de déclarer et faire juger leurs infirmités , sont traités plus sévèrement, comme on va le voir.

148. Tout conscrit qui, au moment de l'examen du Sous-Préfet (séance du tirage), a caché sciemment des infirmités qui le rendaient incapable de servir, doit, indépendamment de l'obligation de se faire remplacer à ses frais , comme il a été dit ci-dessus n°. 37 , être condamné par le conseil de recrutement à payer une indemnité d'après les bases ci-dessus, comme s'il n'eût pas été remplacé. (*Ibidem , art.* 30.)

149. Un conscrit qui , faute de s'être présenté à la visite du Conseil de recrutement pour y faire juger une réclamation qu'il aurait

formée dans la séance du tirage, aurait été déclaré *Bon pour le service*, comme il a été dit ci-dessus n°. 38, et qui, sur une nouvelle réclamation, viendrait à être réformé après la clôture des opérations du Conseil de recrutement, serait tenu à payer une indemnité double de celle qu'il aurait dû acquitter sans cette circonstance, et qui, cependant, ne pourrait excéder 1,500 francs. (*Ibidem, art. 37.*)

150. Une semblable indemnité est imposée à celui qui est renvoyé des rangs à la revue du départ, pour des infirmités qui existaient lors de la désignation, et qu'il n'avait pas déclarées. (*Ibidem, art. 74.*)

151. Tout conscrit désigné en son absence, qui, ne s'étant pas présenté au Conseil de recrutement de son Département pour y être jugé propre ou impropre au service, et n'ayant point obtenu du Conseil du département qu'il habitait, un certificat de capacité de servir, se sera de lui-même, et sans ordre, rendu directement à son corps et y sera réformé, sera tenu de payer une indemnité de moitié en sus de celle à laquelle il aurait été

assujetti s'il eût été réformé avant de rejoindre. Le total de l'indemnité ne pourra cependant pas excéder 1,500 fr. (*Ibid.*, *art.* 46.

152. Lorsqu'un conscrit, parti soit pour son propre compte, soit comme substituant, est réformé au corps, pour des causes existantes à son arrivée, il est, comme s'il eût été réformé dans son département, passible de l'indemnité, s'il y est soumis par ses contributions. (*Décret impérial du 6 janvier* 1807, *art.* 1er., *et Instruction du 11 février* 1808, *art.* 78.)

Cette indemnité n'est que l'indemnité ordinaire, telle que nous l'avons dit sous le n°. 145, si le conscrit avait, en temps utile, réclamé sa réforme, et que le Conseil de recrutement la lui eût refusée.

Mais si le conscrit n'avait pas réclamé sa réforme, il pourrait être assimilé à ceux qui ont sciemment caché leurs infirmités, et, comme tel, condamné, suivant les cas, aux peines indiquées, n°s. 37, 148 et 149.

153. Pour mettre le Préfet à même de déclarer qu'un conscrit ne doit pas d'indemnité, ou de déterminer le montant de celle qu'il

doit, tout réformé doit fournir un relevé de ses contributions, même lors qu'il ne paye par lui-même et par ses père et mère que 5o fr. ou moins. Celui qui ne paye rien fournit un certificat négatif. (*Instruction du* 3o *janvier* 1809, *art.* 24.)

154. Ces relevés ou états doivent constater le montant des contributions imposées soit à la charge du conscrit, soit à la charge de ses père et mère, pour l'année courante, si les rôles sont en recouvrement, et pour l'année antérieure, s'ils n'y sont pas encore. (*Ibidem*, *art.* 18.)

155. Cet état se divise en deux parties; la première présente le montant, par détail, de ce que les père et mère payent pour chaque espèce de contributions directes dans la Commune; la deuxième donne les mêmes détails sur ce que paye le conscrit.

156. Si le conscrit ou ses père et mère sont imposés dans d'autres Communes, il faut se procurer des extraits de rôles, certifiés par les Maires, indicatifs de ce qu'ils doivent dans chaque Commune, et ces extraits doivent être remis au percepteur de la Commune.

du domicile pour qu'il en énonce le montant sur le relevé qu'il délivre. (*Ibidem*, art. 20.)

157. Lorsque le conscrit réformé ou ses père et mère possèdent des biens indivis, le percepteur comprend toujours néanmoins dans son relevé la totalité des impositions dues pour ces biens; mais, dans ce cas, le conscrit doit présenter au Maire les testamens, actes de partage ou autres pièces qui déterminent la cote-part du conscrit ou de ses père et mère dans lesdits biens indivis. Le Maire vise ces pièces, donne son avis sur le montant de la réduction à opérer et adresse le tout au Préfet pour y statuer. (*Ibidem*, art. 7.)

158. Les individus réformés et leurs père et mère sont tenus de déclarer sur ce même relevé qu'ils ne payent pas d'autres contributions que celles qui y sont énoncées. (*Ibid.*, art. 21.) Voy. ci-après les n⁰ˢ. 162, 163 et 164.

159. L'état ainsi dressé doit être vérifié et certifié par le Maire; il doit ensuite être visé, d'abord par le contrôleur des contributions, puis par le Sous-Préfet. (*Ibidem*, art. 22 et 26.) Voyez à la suite de cette Instruction le modèle, pièce n⁰. 2.

160. Ce n'est que sur le vu d'états ainsi rédigés que le Préfet peut fixer l'indemnité due par le conscrit réformé ; il doit rejeter les états qui seraient produits dans une forme irrégulière. En conséquence, il importe beaucoup aux conscrits réformés de se mettre en règle à cet égard.

161. Le délai fixé pour faire cette production est de quinze jours, à dater de l'avertissement donné par le Maire au conscrit réformé. (*Instruction du 30 janvier* 1809, *art.* 23.)

162. Tout conscrit qui ne produit pas l'état de ses contributions, ou qui ne le produit pas dans le délai prescrit, ou qui le présente dans une forme irrégulière, ou enfin qui est reconnu avoir fait une déclaration incomplette, est taxé par le Préfet au *maximum* de l'indemnité, qui est de 1,200 francs. (*Instruction du 30 janvier* 1809, *art.* 13 *et* 14.

163. Il en est de même de ceux qui produisent des extraits faux ou inexacts à moins que quelque circonstance atténuante ne donne lieu à une modération ; mais, dans tous les cas, l'indemnité doit être portée au

moins au double de ce qu'elle eût été, sans toutefois que la somme de 1,200 francs puisse être excédée. (*Instruction du* 11 *février* 1808, *art.* 119.)

164. Ces dispositions sont d'ailleurs indépendantes des poursuites à exercer, s'il y a lieu, pour crime de faux. (*Ibidem.*)

165. Un autre inconvénient pour les conscrits réformés est attaché au refus ou au retard de produire des états réguliers de leurs contributions; car les dispenses de service, signées du conseil de recrutement, dont ils ont besoin pour constater leur réforme, ne peuvent leur être délivrées qu'en représentant par eux la quittance de l'indemnité à laquelle ils ont été taxés par le Préfet. (*Décret impérial du 8 fructidor an* 13, *art.* 43.)

166. Le paiement de l'indemnité doit être entièrement effectué dans le délai de six mois, à dater du jour de la clôture des séances ordinaires du Conseil de recrutement, et à raison d'un sixième par mois. (*Instruction du 30 janvier* 1809, *art.* 31.)

Lorsque le conscrit et ses père et mère reçoivent du Maire l'avis du montant de l'indemnité, ils doivent payer de suite les sixièmes échus. Ils payent les autres à mesure de leur échéance. (*Ibidem, art.* 33.)

§ II. *Indemnité de Remplacement.*

167. Tout conscrit qui a présenté un remplaçant que le Conseil de recrutement a jugé admissible, est soumis au paiement d'une indemnité de 100 fr. qu'il est tenu de verser dans la caisse du receveur général du Département, ou de l'un de ses préposés. Ce n'est que sur le vu de la quittance de cette indemnité que l'acte de remplacement peut être rédigé par le Préfet ou le Sous-Préfet. (*Décret impérial du 8 fructidor an* 13, *art.* 53.)

168. Il n'y a pas lieu néanmoins au paiement de l'indemnité lorsqu'un conscrit est remplacé par son frère, parce que le remplacement est alors considéré comme une substitution. (*Instruction du* 11 *février* 1808, *art.* 84.)

169. Lorsque, par suite de la réforme d'un remplaçant, *après son arrivée au corps*, le remplacé se trouve réappelé et qu'il marche lui-même, il n'a pas le droit de réclamer

l'indemnité de 100 francs qu'il avait payée, et s'il fournit un second remplaçant, il doit une seconde indemnité de même somme. (*Décret impérial du 8 fructidor an* 13, *art.* 56.)

170. Il en est de même lorsque le remplacé se trouve réappelé, parce que son remplaçant a déserté *après son arrivée au corps.* (*Ibidem.*)

171. Mais si le remplaçant déserte *avant qu'il ait joint les drapeaux* , le remplacé qui veut fournir un nouveau remplaçant ne doit pas une nouvelle indemnité, et s'il préfère marcher lui-même, il a droit à la restitution des 100 fr. qu'il avait versés. (*Ibidem.*)

172. La différence de dispositions pour ce dernier cas et les deux qui le précèdent, est fondée sur ce que le remplaçant qui a déserté avant d'avoir rejoint, n'a rien coûté au Gouvernement, tandis que les autres lui ont occasionné des dépenses et pour leur route, et pour leur habillement, et pour leur existence au corps tant qu'ils y sont restés.

173. Lorsque le n°. d'un remplaçant se trouve atteint par un appel supplémentaire,

et que le remplacé se trouve obligé de partir, comme nous l'avons dit sous le n°. 135, ce dernier a le droit de réclamer l'indemnité de remplacement qu'il avait payée. Néanmoins, il n'en obtient le remboursement qu'après avoir présenté la preuve qu'il a rejoint les drapeaux, ou qu'un nouveau remplaçant les a rejoints pour lui. (*Décisions diverses du Ministre d'Etat Directeur général de la conscription.*)

Dans le cas, néanmoins, d'un nouveau remplacement, une indemnité est due, comme il a été dit sous le n°. 167.

§ III. *Décharges ou Réductions d'indemnités.*

174. Lorsqu'un Préfet juge que la famille d'un conscrit a des droits à la bienfaisance du Gouvernement, ou par le nombre d'individus qu'elle a au service militaire, ou par la quantité d'enfans dont elle est chargée, ou par l'état de détresse dans lequel elle est plongée, il en réfère au Ministre d'Etat - Directeur général de la conscription, qui, sur le vu des pièces, peut accorder un dé-

grèvement ou une décharge entière d'indemnité à la famille du conscrit. (*Décret impérial du 8 fructidor an* 13 , *art* 42.)

175. Des réductions et décharges peuvent
encore être accordées pour les taxes d'office
au *maximum* , lorsque le conscrit qui a
oublié ou tardé de produire, soit le relevé
de ses contributions, soit un certificat négatif,
donne une excuse légitime et bien prouvée
de son retard ou de son oubli. (*Instruction
du* 30 *janvier* 1809 , *art.* 49.)

176. Enfin , le Ministre Directeur général
peut en accorder , lorsqu'il est reconnu qu'il
y a eu erreur , soit dans les relevés de contributions , soit dans la fixation faite par le
Préfet. (*Ibidem* , *art.* 51.)

177. Dans tous les cas , les parties inté-
ressées ne peuvent trop s'empresser de former
leurs réclamations et de réunir les pièces sur
lesquelles elles se proposent de les appuyer
Les formalités nécessaires pour les faire accueillir sont multipliées ; les délais sont de
rigueur et le moindre retard pourrait faire
tomber en déchéance une demande qui serait,
d'ailleurs , légitime.

TITRE X.

FRAUDES DE LA PART DES CONSCRITS.

178. Les fraudes de toute espèce, successivement imaginées par des conscrits, sont aujourd'hui connues, et par conséquent inutiles. Elles viennent échouer contre l'expérience des Conseils de recrutement. Le seul résultat des manœuvres que quelquefois on se permet encore dans l'espoir d'induire ces Conseils en erreur, n'est autre que de faire condamner les coupables aux peines qu'ils ont encourues. Il est donc de l'intérêt des conscrits de renoncer une bonne fois à toute ruse et à toute imposture.

§ Ier. *Omission de nom sur la liste.*

179. L'omission du nom d'un conscrit sur la liste est volontaire ou involontaire de sa part.

180. Nous ne parlerons pas ici de l'omission involontaire ; elle n'est point une fraude et n'entre point dans le cadre de ce paragraphe. Nous renverrons seulement à ce que nous

avons dit ci-dessus, n°. 25, des embarras auxquels elle expose le conscrit omis.

181. Un conscrit omis pas sa faute est celui
qui a refusé ou négligé sciemment de se faire
inscrire, ou qui, par quelque moyen que ce
soit, est parvenu à éviter l'inscription de son
nom sur la liste. Tout conscrit dans ce cas
est déclaré premier à marcher. (*Décret impérial du 8 fructidor an* 13 , *art.* 22 et 48.)
Il perd ainsi les chances favorables que le
sort pouvait lui offrir lors du tirage.

Il perd, en outre, la faculté de réclamer
sa mise à la fin du dépôt, s'il se trouvait dans
l'une des positions qui en donnent le droit.
(*Instruction du* 12 *septembre* 1808, *art.* 15.)

182. Lorsque la fraude d'un conscrit omis
par sa faute sur la liste , ne se découvre
qu'après le départ du contingent, ce conscrit
doit être de suite envoyé au corps, et dès
qu'il a rejoint les drapeaux , le dernier du
contingent que l'omission avait fait partir doit
être congédié. (*Décret impérial du 8 fructidor an 13 , art.* 48.)

Dans cette matière, l'intérêt particulier
veille donc avec les fonctionnaires publics
pour

pour empêcher les fraudes que l'on voudrait se permettre, et c'est vainement que l'on se flatterait de les faire réussir.

Voyez au surplus le § 4 de cè titre, n°. 189.

§. II. *Infirmités simulées.*

183. Un autre genre de fraude plus commun consiste à feindre des infirmités.

Les uns se font aux jambes ou aux bras des plaies artificielles; d'autres se prétendent sourds ou épileptiques; ceux-ci se plaignent de la faiblesse de leur vue ou se disent myopes après s'être exercés à l'épreuve des verres; ceux-là entretiennent des restes de teigne, se présentent avec des bandages inutiles ou des hernies factices, ou se disent attaqués de douleurs périodiques dont cependant il n'existe pas de trace, etc. etc.

184. Les moindres peines auxquelles ils s'exposent sont d'être déclarés premiers à marcher. (*Décret impérial du 8 fructidor an 13, art.* 29.) Ils pourraient même, suivant les cas, être privés de la faculté soit de fournir un remplaçant, soit d'être mis à la fin du dépôt.

6

185. Les conscrits ne doivent pas espérer non plus que l'impossibilité de partir de suite puisse leur être avantageuse. On les envoye, dans ce cas, à l'hôpital militaire pour y être traités sans aucune communication ni avec leur famille, ni avec aucune personne étrangère à l'hôpital, et s'ils sont susceptibles de prompte guérison, ils sont ainsi retenus jusqu'à ce qu'ils soient mis en route ; dans le cas contraire, ils sont renvoyés chez eux sous la surveillance de la municipalité et de la gendarmerie, ajournés d'ailleurs à l'année suivante, et déclarés premiers à marcher, quel que soit le numéro qu'ils aient obtenu dans le tirage, et lors même que ce numéro ne les aurait placés que dans le dépôt. (*Instruction du* 11 *février* 1808, *art.* 58 *et* 59.)

186. Si les manœuvres pratiquées par le conscrit pour se donner une infirmité simulée finissaient, comme cela arrive quelquefois, par lui en donner une réelle, il ne devrait plus être simplement puni comme nous venons de le dire, mais il devrait être assimilé aux conscrits qui se sont volontairement mutilés et dont nous allons parler. (*Ibidem , art.* 56.)

§ III. *Mutilations, etc.*

187. S'il était reconnu d'une manière quelconque, mais certaine, qu'un conscrit se fût volontairement rendu incapable de servir, soit par une mutilation , soit par quelque autre acte que ce soit, il serait rayé des listes, traduit immédiatement en prison et mis à la disposition du Gouvernement. (*Décret impérial du 8 fructidor an 13 , art. 17 et 34.*)

Tout conscrit mis ainsi à la disposition du Gouvernement, est conduit par la gendarmerie soit à une compagnie de pionniers, soit dans un port pour être transporté aux colonies, et y être employé à un service militaire ou maritime quelconque, jusqu'au moment où sa classe est congédiée. (*Ibidem , art. 35 , et Instruction du 11 février 1808 , art. 55.*)

188. Un conscrit qui, peu de temps avant l'appel de sa classe , ou dans l'intervalle entre cet appel et le départ, éprouverait un accident qui le mutilât ou le mît , par quelque cause que ce fût , hors d'état de servir , ne peut

prendre trop de soins pour faire authentiquement constater l'époque , le moment et
les circonstances de l'accident. Il ne doit pas
se borner à se munir de certificats d'officiers
de santé , de parens ou d'amis , il doit à
l'instant même faire sa déclaration au Maire
de sa Commune qui , sans délai, entend les
témoins nécessaires , vérifie les faits , les
lieux et tout ce qui peut contribuer à faire
connaître la verité. Le Maire dresse ensuite
du tout un procès-verbal qu'il signe avec les
témoins , et qu'il adresse de suite au Préfet
pour être soumis au Conseil de recrutement.
Ces formalités ne sont prescrites par aucune
loi ou instruction, mais le bon sens indique
qu'elles sont nécessaires si le conscrit veut
écarter de lui tout soupçon.

§ IV. *Pièces fausses et substitution
d'individus.*

189. Si ; dans l'une ou l'autre des manœuvres dont nous avons parlé sous les trois
paragraphes qui précèdent, un conscrit s'était
aidé de pièces fausses , il serait poursuivi

criminellement et condamné comme coupable du crime de faux. (*Décret impérial du* 8 *fructidor an* 13 *, art.* 22.)

190. Il pourrait encore être poursuivi comme faussaire s'il s'était permis une substitution frauduleuse de personne , c'est-à-dire si , au lieu de se présenter lui - même, soit devant le Sous - Préfet , soit devant le Conseil de recrutement , soit aux revues , soit pendant la route , il avait fait paraître , sous son nom , un autre individu attaqué de quelque infirmité donnant lieu à la réforme. Dans le cas de circonstances atténuantes et suffisantes pour soustraire le conscrit à la peine de faux , il serait toujours considéré comme n'ayant pas répondu aux appels , déclaré par conséquent réfractaire , arrêté et livré à la gendarmerie pour être conduit au dépôt des réfractaires , et les poursuites pour l'amende seraient faites avec la plus grande rigueur contre ses père et mère. (*Instruction du* 11 *février* 1808 *, art.* 122.)

TITRE XI.

ESCROQUERIES ET MANŒUVRES
CONTRE LES CONSCRITS.

191. L''intérêt des conscrits est un des motifs qui nous a fait prendre la plume. Il était nécessaire de fixer leur attention, comme nous venons de le faire, sur l'inutilité et les dangers des fraudes auxquelles ils seraient tentés de recourir ; nous allons tâcher maintenant de les prémunir contre des manœuvres dont on ne les rend que trop souvent victimes sous prétexte de les servir.

Les jugemens que les journaux publient chaque jour sur les délits en matière de conscription, présentent la preuve affligeante que les intrigans, les escrocs et les fripons ont fait de la conscription et de la crédulité des conscrits et de leurs parens une mine abondante de rapines qu'ils exploitent à leur profit.

Dans tel lieu, ce sont des bureaux, des agences qui, sous prétexte de procurer des remplaçans, soutirent des sommes considérables aux malheureux qu'une confiance trop aveugle leur amène ; une fois nantis de l'argent qu'ils se sont fait donner, ils savent le faire valoir à leur profit, et ne se pressent pas de chercher le remplaçant promis. Qu'une occasion se présente, néanmoins, ils n'osent la laisser échapper, mais ils se gardent bien de mettre en présence les intéressés ; ils traitent en secret avec le remplaçant qui s'est offert ; ils ont reçu beaucoup ; ils lui donnent peu, et l'homme qui paye de sa personne ne reçoit ainsi qu'une légère portion du sacrifice qui devait lui appartenir tout entier. Le surplus reste au vil entremetteur qui ne s'est donné d'autre peine que d'attendre l'instant où un remplaçant viendrait de lui même se présenter à lui.

Dans tel autre endroit ce sont des gens qui, se targuant d'un crédit supposé, promettent des réformes et exigent, pour leurs prétendus services, un prix d'autant plus exorbitant, qu'ils ont la criminelle et calomnieuse audace de laisser entrevoir qu'eux-mêmes devront payer la protection sur laquelle ils comptent. Cependant que font-ils ?

Rien, et leur système de brigandage est essentiellement fondé sur leur inaction. Ils la justifient facilement près du malheureux qu'ils trompent. Cette inaction, leur disent-ils, n'est qu'apparente ; nos rapports doivent échapper à tous les yeux ; d'ailleurs, un mot, un signe nous suffit ; la moindre démarche ostensible perd tout. Le trop crédule client se tait alors. On laisse donc marcher l'affaire ; elle devient ce qu'elle peut ou plutôt ce qu'elle doit devenir, parce que le Conseil la juge d'après les principes. Alors, si elle réussit, on en attribue le succès à l'argent donné ; il est gagné ; on le garde : si l'affaire ne réussit pas, l'intrigant ne manque pas de prétextes pour conserver au moins une forte partie des fonds consignés, et s'il restitue quelque chose, c'est pour se donner un vernis d'honnêteté et attirer ainsi de nouvelles dupes qu'il puisse dépouiller à leur tour par le même manège.

Ailleurs ce sont des officiers de santé, indignes de l'état utile et honorable qu'ils ont été admis à professer, qui rendent les conscrits victimes de manœuvres bien plus cruelles encore.

Les moins malhonnêtes vendent chèrement des certificats qu'ils savent ne pouvoir servir à ceux qui les achètent , puisque les Conseils de recrutement déchirent ces sortes de pièces sans les lire.

D'autres supposent dans ces certificats , toujours bien payés, des infirmités qui n'existent pas ; ils exposent ainsi le malheureux qu'ils dépouillent à être poursuivi comme ayant feint des infirmités , quelquefois même à l'être comme faussaire.

D'autres , non moins coupables , rendent trop souvent ceux qui les payent non-seulement victimes de leur cupidité , mais aussi de leur ignorance. Ils leur font des plaies artificielles dont ils ne savent pas calculer les effets , et tel homme , qui croyait ne se donner qu'un mal léger et du moment, forcé de l'entretenir pour paraître dans le même état dans les différentes visites auxquelles il a été successivement soumis, a vu ses plaies s'envenimer, et n'a pu conserver la vie qu'au moyen de l'amputation d'un membre , naguères sain et vigoureux et dont il a payé la perte.

Bons habitans des campagnes ! l'œil de

la police veille sans cesse pour vous garantir de tant de piéges ; les tribunaux , armés de toute la sévérité des lois , secondent le zèle tutélaire des administrateurs ; par-tout les escrocs que l'on a pu découvrir ont été poursuivis et punis ; leur nombre diminue chaque jour ; les délits sont devenus plus rares ; mais c'est de vous seuls que peut dépendre l'extinction totale de ces coupables abus. Dépouillez-vous enfin de cette crédulité funeste qui en est l'aliment , reconnaissez les escrocs dont je veux arracher le masque à vos yeux ; rangez en toute sûreté dans leur classe odieuse tout individu qui vous fait espérer une faveur , qui vous berce d'idées de protection , qui vous flatte d'aveugler les Conseils de recrutement par de fausses infirmités ; rangez-y ceux qui font métier de procurer des remplaçans , qui s'interposent entre vous et eux , qui traitent, à votre insçu , de leur salaire , qui se flattent de pouvoir exercer quelque influence sur l'admission ou le rejet d'un remplaçant offert; rangez-y sans distinction ceux qui osent vous parler de sacrifices pécuniaires et de moyens de corruption ; rangez-les y sur-tout s'ils sont à même d'approcher l'autorité qu'ils calomnient ; rangez-y ceux qui exigent de vous des dépôts d'argent , n'importe sous quel prétexte , soit qu'ils portent l'impudence jusqu'à ne vouloir pas être tenus d'en rendre compte par la suite , soit qu'ils vous promettent une restitution qui n'est qu'un piége de plus ; rangez-y , en un mot , tous ceux qui vous détournent de la docilité, de la franchise et de la confiance avec lesquelles vous devez vous présenter.

Eprouvez - vous cependant quelque incer-certitude sur la position où vous vous trouvez? Avez-vous besoin de quelques conseils ? Il faut que vous puissiez les demander , sans doute; mais ne vous est-il pas facile d'en obtenir? Le Gouvernement a placé près de vous des fonctionnaires que sa confiance indique à la vôtre : les Maires, les Sous-Préfets, les Préfets eux-mêmes , autant par sentiment que par devoir , s'empresseront de guider vos pas.

Avez-vous des amis , des protecteurs dont l'état et le caractère soient pour vous le garant de la pureté de leurs intentions ; livrez-vous aussi aux avis salutaires qu'ils pourront vous donner. Ceux-là ne vous encourageront pas dans des idées de fraudes, incompatibles avec la probité, et qui finissent par vous exposer à la rigueur des lois; ceux-là ne vous promet-tront ni faveur ni protection dans une ma-tière où la protection et la faveur pour un individu deviennent, contre un autre, un abus révoltant de pouvoirs; ceux-là ne vous parleront pas d'argent, lorsque tout est gratuit en fait de conscription; ceux-là ne vous ruine-ront pas pour vous tromper, vous déshonorer et vous perdre.

Mais ils vous feront connaître les devoirs que la loi vous impose, les droits qu'elle vous donne, la marche qu'elle vous trace; ceux-là enfin (et c'est à ce caractère sur-tout que vous reconnaîtrez les hommes que vous pouvez écouter sans danger); ceux-là vous feront entendre la voix de la loi qui vous ap-pelle, celle de l'honneur qui ne vous permet pas de vous y soustraire, celle de la probité, de la justice, de votre conscience et de la re-ligion, qui vous dit que c'est un crime de rejeter sur autrui une charge que la loi vous

impose, et que vous vous rendriez respon-
sables, devant Dieu et devant les hommes,
de tout le tort que pourrait éprouver, dans
son intérêt, dans son existence et dans l'intérêt et l'existence de sa famille, celui que
vous parviendriez à faire partir injustement
pour vous.

TITRE XII.

DES CONSCRITS APRÈS LA CLÔTURE DES LISTES.

192. Une obligation commune à tous les
conscrits qui ne sont pas appelés aux armées,
est, lorsqu'ils veulent voyager, de faire viser
leurs passe-ports par le Préfet du département.
Les conscrits exemptés ou réformés y sont
même tenus, à plus forte raison ceux qui font
partie, soit de la réserve, soit du dépôt. L'oubli de cette formalité les exposerait à être ar-
rêtés d'après les ordres donnés à cet égard
par le Ministre de la police.

Les décrets et instructions contiennent encore quelques dispositions qui, après la clô-

ture des listes , intéressent , 1°. les conscrits partant; 2°. les conscrits de la réserve; 3°. les conscrits du dépôt. Nous allons les indiquer.

§ Ier. *Conscrits partant.*

193. Les conscrits partant jouissent du traitement entier des troupes en marche, à dater du jour de leur départ du chef-lieu de leur arrondissement jusqu'à celui de leur arrivée, soit à leur corps, soit au chef-lieu du département, soit à celui de la division. (*Décret impérial du 8 fructidor an* 13, *art.* 87.)

194. S'ils sont réunis au chef-lieu de leur arrondissement avant leur départ, ou s'ils séjournent plus de 24 heures, soit au chef-lieu du département, soit à celui de la division, ils sont traités, pendant cette réunion ou ce séjour, comme les troupes en garnison, et n'ont droit, pendant ce tems, ni au supplément d'étape, ni à aucune indemnité. (*Ibidem.*)

195. Si, au moment de leur départ, les conscrits ont un besoin indispensable de quelques effets de petit équipement, ces objets doivent leur être fournis par les soins du ca-

pitaine de recrutement, aux dépens de la masse d'entretien du corps pour lequel ils sont destinés. (*Ibidem, art.* 80.)

196. Lorsque, pendant la route que fait un détachement pour rejoindre le corps, un conscrit a quelques plaintes ou réclamations à faire, il doit les adresser au Maire de la Commune où se trouvera le premier gîte. Les Maires sont chargés de les entendre dans ce cas, lors des revues qu'il leur est ordonné de passer des détachemens qui s'arrêtent chez eux. Le Gouvernement a voulu, par ce moyen, prolonger pour les conscrits, jusqu'à leur incorporation, la douce influence de l'autorité civile. (*Instruction du* 11 *février* 1808, *art.* 102.)

§ II. *Conscrits de la réserve.*

197. Les conscrits de la réserve, tant qu'elle n'est point appelée à l'armée, forment un corps désigné sous le nom de *bataillon de réserve*, commandé par le capitaine de re-crutement, placé au chef-lieu du département. (*Arrêté du* 18 *thermidor an* 10, *art.* 39 *et* 40.)

198. Ces conscrits peuvent, à diverses épo-ques, être réunis, soit par municipalité, un jour de dimanche, et alors ils ne reçoivent point de solde ; soit par peloton pour dix jours, au plus, au chef-lieu du canton, ou par compagnie pour cinq jours, au plus, au chef lieu de l'arrondissement, avec solde, dans ces deux derniers cas, de 4o centimes par jour, dont moitié tient lieu de pain. (*Ibi-dem, art.* 41 *et* 42.)

Voyez, pour le cas où un conscrit de la réserve veut voyager, le n°. 192.

199. Un conscrit de la réserve, qui veut passer sous les drapeaux, doit faire devant le Préfet ou le Sous-Préfet la déclaration par écrit de l'intention où il est d'être admis dans l'armée active, et de servir dans un corps qu'il a la faculté de choisir. (*Instr. du* 11 *février* 1808, *art.* 116 *et circulaire du Ministre de la guerre, du* 8 *germinal an* 11.)

Lorsqu'un conscrit de la réserve a fait cette déclaration, il n'a plus le droit de faire admettre un suppléant ; mais il compte en dé-duction de la réserve, lorsqu'elle est appelée. (*Ibidem.*)

§ III.

§ III. *Conscrits du dépôt.*

200. Les conscrits du dépôt jouissent chez eux de la même liberté et des mêmes droits que le reste des citoyens. Toutefois ils sont tenus, lorsqu'ils veulent momentanément sortir de leur arrondissement de sous-préfecture, non-seulement de faire viser leur passe-port par le Préfet, comme il a été dit n°. 192, mais encore de donner avis de leur départ, et à leur Maire, et à l'officier de recrutement de leur domicile. Cette déclaration doit être mentionnée sur leur passe-port, et il doit en être tenu note pour savoir, au besoin, où peuvent être adressés les ordres qui les concerneraient. (*Décret impérial du 8 fructidor an* 13 *, art.* 89.)

Tout conscrit du dépôt, qui serait convaincu d'avoir omis de donner l'avis ci-dessus prescrit, sera placé en tête du dépôt, et comme tel déclaré premier à marcher en cas d'appel. (*Ibidem.*)

201. Un conscrit du dépôt, quoique changeant de domicile et même de département, continue à faire partie du dépôt du canton dans

7

lequel il a concouru à la désignation. Voyez ci-dessus le titre 2, n°. 16.

202. Un conscrit du dépôt peut contracter un enrôlement volontaire, comme on l'a dit n°. 46, puisqu'il n'est pas désigné. (*Décret impérial du 8 fructidor an 13, art. 78.*)

TITRE XIII.

RÉFRACTAIRES.

203. Les réfractaires sont ceux qui ne répondent pas aux appels, ou qui, après avoir répondu aux premiers, ne répondent pas aux suivans, ou ne paraissent point à la revue du départ, ou enfin qui, après avoir répondu aux appels et à la revue du départ, n'arrivent pas aux corps auxquels ils sont envoyés. Les conscrits incorporés qui quittent les drapeaux sont déserteurs.

204. Un conscrit réfractaire est privé de l'exercice des droits de citoyen; il ne peut voter dans aucune assemblée politique; il ne peut être admis à aucune fonction publique, ni pour aucun service salarié des deniers de l'État. (*Loi du 6 floréal an 6, art. 54.*)

205. Il doit, en outre, être traduit devant le tribunal de première instance de son arrondissement, pour y être condamné à une amende de 1,500 fr. (*Loi du 17 ventose an 8, art. 9.*)

L'amende peut, pour des causes atténuantes, être diminuée; mais elle est toujours au moins de 500 fr. (*Décret impérial du 8 fructidor an 13, art. 69.*)

206. Le tribunal, en prononçant l'amende encourue par le conscrit réfractaire, y condamne solidairement ses père et mère. (*Ibid, art. 69.*)

207. Enfin, si le réfractaire est saisi, il est livré à la gendarmerie, qui le conduit au dépôt des réfractaires pour y rester à la disposition du Gouvernement. (*Loi du 6 floréal au 11, art. 10*).

208. Tout conscrit, condamné comme réfractaire, et comme tel conduit à l'un des dépôts établis par le Gouvernement, qui se sera absenté du dépôt depuis 24 heures, ou aura abandonné depuis le même tems le détachement dont il faisait partie, sera déclaré déserteur et puni comme tel, suivant les circons-

tances du délit. (*Arrêté du 19 vendémiaire an 12, art. 75.*)

209. Les suppléans qui ne rejoignent pas, ou qui désertent après avoir rejoint, sont dénoncés par le commandant du corps pour lequel ils étaient destinés, ou dont ils faisaient partie, pour être traduits devant un conseil de guerre spécial, et condamnés à 5 ans de la peine du boulet. Ils sont, de plus, condamnés à l'amende, mais sans solidarité, dans ce cas, avec leurs père et mère. (*Décret impérial du 8 fructidor an 13, art. 58.*)

210. C'est rendre, sans doute, un service important aux conscrits que de mettre ici sous leurs yeux le tableau des malheurs qu'ils attirent sur leur tête lorsqu'ils sont sourds à la voix de l'honneur et du devoir qui les appellent.

Un réfractaire ne peut se flatter qu'on le laisse impunément désobéir; il est poursuivi dans ses biens et dans sa personne. L'amende à laquelle il est condamné altère et absorbe quelquefois tout ce qu'il possède. Si quelques propriétés lui restent, il est forcé de les laisser à l'abandon; il perd l'état qui soutenait son existence, et la plus affreuse misère devient son partage.

Quel fruit retire-t-il donc de sa désobéissance , et qu'a-t-il voulu lorsqu'il s'en est rendu coupable !

A-t-il craint les fatigues et les privations de la guerre? Malheureux insensé ! Ces privations , ces fatigues que l'honneur impose, qui sont moins pénibles parce qu'elles sont partagées , qui quelquefois deviennent presque une jouissance parce que, sous des chefs expérimentés , elles sont les ordinaires avant-coureurs de la victoire, sont-elles comparables à ce dénuement affreux , à cet abandon désespérant où se trouve un être isolé , fugitif et coupable , qui ne voit dans ce qu'il souffre que le présage déchirant de ce qu'il doit souffrir encore.

Serait il un lâche ! La crainte des dangers aurait - elle éteint dans son cœur ce courage commun à tous les Français ! Mais les dangers le suivent, le pressent par - tout ; nous ne parlons pas de ces dangers essentiellement attachés à sa vie errante et vagabonde ; mais on le cherche, mais on le poursuit, mais on peut l'atteindre. Quelle ressource lui reste-t-il alors ? La ressource seule

de se défendre, et ces dangers auxquels il
a cru se soustraire, il les retrouve. Il les retrouve, et avec des suites bien différentes
pour lui. Sous les drapeaux de la patrie,
l'honneur devait en être la récompense; sous
l'étendard de la rébellion, les fers, l'infamie,
quelquefois l'échafaud, sont les seuls prix
qu'il puisse en attendre.

Sa désobéissance serait - elle l'effet d'une
impulsion irréfléchie de sentiment? A -t -il
voulu ne pas quitter sa famille? Vain calcul!
La nécessité de fuir l'y arrache bientôt. Il
n'a pas voulu faire à son pays un sacrifice
honorable, la terreur le lui impose en le
couvrant de honte; le sacrifice exigé par la
loi n'était que temporaire, celui que son
crime nécessite est éternel : conscrit soumis,
il conservait l'espoir du retour; conscrit réfractaire, tout retour lui est interdit.

S'est-il enfin bercé de l'idée d'échapper à
l'œil vigilant de la police? Son espoir est
bientôt déçu. Il peut trouver un refuge passager; il peut recevoir des secours inespérés
et accidentels; mais où les trouve-t il?

Est-ce chez un étranger? Cet étranger le
reconnaît bientôt; il le chasse; il faut fuir.

Un mouvement de pitié lui fait-il accorder quelques momens ? ils sont empoisonnés par la crainte ; ce bienfaiteur imprudent devient bientôt suspect au malheureux même qu'il protège ; la crainte de se compromettre peut faire de lui un dénonciateur : il faut fuir encore.

Est-ce parmi les siens qu'il se cache ? Le danger n'en est que plus imminent, parce que c'est là sur-tout qu'on le cherche ; bientôt on ouvre les yeux. Les parens frappés déjà par la condamnation solidaire qu'ils ont encourue pour l'amende, grevés par la charge que leur impose l'entretien d'un homme qui ne peut, par un travail ostensible, soutenir son existence, se voient chaque jour à la veille d'être poursuivis comme complices ; la Commune elle-même est menacée de garnisaires ; ces maux, résultans de la désobéissance du réfractaire, finissent par le rendre odieux ; on le repousse enfin, et il faut fuir encore. Il n'a plus de parens, d'amis, de domicile, de patrie ; il est étranger au monde, et les forêts deviennent son dernier asile.

C'est dans un Département où la dette de la conscription se paye, non-seulement avec docilité, mais avec empressement, que nous avons le bonheur d'écrire. Il n'est pas d'année cependant où un ou deux exemples de désobéissance ne viennent contraster avec le bon esprit qui dirige la masse. Nous nous féliciterons de nos efforts si, ce petit nombre de dissidens éclairé sur ses véritables intérêts et rentrant dans la ligne du devoir, le nom de réfractaire peut enfin devenir tout à fait inconnu parmi nous.

TITRE XIV.

LIBÉRATION DES CONSCRITS.

211. La libération des conscrits n'a lieu que lorsqu'elle est prononcée par un sénatus-consulte et un décret impérial.

212. Les conscrits des classes des années 8, 9, 10, 11, 12, 13 et 14, qui ont satisfait à la conscription et n'ont pas été appelés à faire partie de l'armée, sont libérés, et il ne sera levé sur ces classes aucun nouveau contingent. (*Sénatus-consulte du 10 septembre 1808, art. 4, et décret impérial du 12 du même mois, art. 5.*)

La même faveur vient d'être accordée aux classes de 1806, 1807, 1808, 1809 et 1810, au moyen de l'appel de 36,000 hommes qui vient d'être fait sur elles. Il ne sera levé sur ces classes aucun nouveau contingent. (*Sénatus - consulte du 5 octobre 1809, art. 5, et décret impérial du 12 du même mois, art.* 8.)

Un Maire qui veut mériter la confiance du Gouvernement et la reconnaissance de ses administrés, doit faire de la Conscription son étude et son occupation de tous les jours. Sa Commune est sa famille; il doit en être le guide, et le travail auquel nous venons de nous livrer lui en donne les moyens. C'est à lui d'éclairer les conscrits et leurs parens sur la nature des réclamations qui leur sont permises, sur les époques où ils doivent les faire, sur les cas où ils ont des pièces à produire, sur les formes dont ces pièces doivent être revêtues, sur les moyens de se les procurer, sur les délais après lesquels elles ne sont plus admises et sur l'inutilité de celles qu'on voudrait produire à quelque époque que ce fût pour prouver une infirmité. Il doit leur faire connaître les conditions requises pour qu'un substituant ou un remplaçant soit admissible, ainsi que la responsabilité qui pèse sur celui qui veut recourir à l'un ou l'autre de ces moyens ; il doit surtout prémunir ses administrés contre les manœuvres des escrocs qui voudraient tirer parti de leur crédulité, contre les conseils perfides des hommes qui pourraient leur suggérer des idées de fraudes, ou les détourner de la confiance et de la docilité avec lesquelles ils doivent se présenter.

Nous avons souvent parlé de peines dans le cours de cette Instruction, c'est encore aux Maires qu'il appartient d'en faire sentir la justice, et leur tâche, à cet égard, n'est pas difficile. La sévérité salutaire des règlemens, en fait de conscription, est toute en faveur des hommes honnêtes et de bonne foi qui, attachés à leur prince et soumis aux lois, ne cherchent pas à se soustraire à leurs obligations; elle a pour but de les défendre contre les mauvais citoyens, les rebelles, les égoïstes et les lâches qui, profitant des avantages de la Société, voudraient n'en pas partager les charges.

Enfin, c'est du Maire qu'il dépend presque toujours d'entretenir dans sa Commune l'esprit public en matière de conscription. C'est à lui de faire connaître aux conscrits les embarras, les frais, les maux qu'un réfractaire attire sur lui-même, sur ses parens, sur sa Commune; c'est à lui à provoquer contre le coupable l'indignation de tous, à lui refuser et faire refuser tout asile; c'est à lui à imprimer sur la désobéissance et la lâcheté le sceau de la honte et du mépris. Voilà ce qu'il doit, voilà ce qu'il peut; et s'il était trop sévère de rendre un Maire responsable du mauvais esprit qui régnerait dans sa Commune lorsqu'il a fait tous ses efforts pour lui donner une bonne direction, toutefois est-il vrai que là où la dette de la conscription se paye avec empressement, là on peut dire qu'il existe un Maire digne de ses fonctions.

Donné en l'hôtel de la Préfecture du département de Seine et Marne, à Melun, le 1er. novembre 1809.

LAGARDE.

TARIF d'après lequel les indemnités de réforme doivent être établies, suivant la loi du 28 floréal an 10.

MONTANT des impositions.			MONTANT des indemnités.
50 f			"
Au-delà de 50 jusqu'à 100ᶠ 00ᶜ. inclusivement.......			Somme égale.
de 100	à 124.	99.....................	100ᶠ
de 125	à 149.	99.....................	150.
de 150	à 174.	99.....................	200.
de 175	à 199.	99.....................	250.
de 200	à 224.	99.....................	300.
de 225	à 249.	99.....................	350.
de 250	à 274.	99.....................	400.
de 275	à 299.	99.....................	450.
de 300	à 324.	99.....................	500.
de 325	à 349.	99.....................	550.
de 350	à 374	99.....................	600.
de 375	à 399.	99.....................	650.
de 400	à 424.	99.....................	700.
de 425	à 449.	99.....................	750.
de 450	à 474.	99.....................	800.
de 475	à 499.	99.....................	850.
de 500	à 524.	99.....................	900.
de 525	à 549.	99.....................	950.
de 550	à 574.	99.....................	1,000.
de 575	à 599.	99.....................	1,050.
de 600	à 624.	99.....................	1,100.
de 625	à 649.	99.....................	1,150.
de 650	et au-delà.....................		1,200.

ÉTAT *des contributions directes payées en l'an* par *le S*. (mettre les noms et prénoms) *Conscrit réformé de la classe de* et par les Siêur *et Dame, ses père et mère.*

Contributions du père et de la mère.

Contribution foncière, principal et accessoires..............
Contribution mobilière et personnelle, principal et accessoires.
Portes et fenêtres..............................
Patentes..

Contributions directes payées en d'autres Communes ;
S A V O I R :

Commune de............. départ.^{nt} d.........
——— de............. ———d.........
——— de............. ———d.........
——— de............. ———d.........

TOTAL....................

Contributions du conscrit.

Contribution foncière, principal et accessoires..............
Contribution mobilière et personnelle, principal et accessoires..
Portes et fenêtres..............................
Patentes..

Contributions directes payées en d'autres Communes ;
S A V O I R :

Commune de............. départ.^{nt} d.........
——— de............. ———d.........
——— de............. ———d.........
——— de............. ———d.........

TOTAL GÉNÉRAL.....................

Déclaration des père et mère et du conscrit.

Je déclare que les sommes ci-dessus sont les seules auxquelles je sois imposé, soit dans ma résidence, soit dans toute autre commune ou département.

Certifié par moi, Percepteur de la Commune d *d'après les rôles qui sont entre mes mains, et la déclaration des dénommés ci-dessus, qu'ils ont signée* (ou n'ont pu signer.)
Le

VÉRIFIÉ par moi, Maire de la Commune d déclarant que les articles des contributions payées dans d'autres communes par les dénommés ci-dessus, ont été remplis, d'après la déclaration qu'ils en ont faite et les extraits qu'ils m'ont représentés, et qu'il n'est pas à ma connaissance qu'ils paient d'autres contributions ailleurs.

Fait le

L'EXTRAIT ci-dessus a été vérifié par moi Contrôleur des impositions directes de l'arrondissement d déclarant qu'il comprend toutes les contributions payées par les sieur et dame père, mère et fils, dans ledit arrondissement, et qu'il n'est pas à ma connaissance qu'ils en paient d'autres ailleurs.

Fait à le

Nota. Les Maires font bien de coucher au bas de cet état le signalement du conscrit.

TABLE

DES

TITRES ET PARAGRAPHES.

iij

FIN DE LA TABLE.